Chance auf Zukunft?

Berufliche Selbständigkeit als Option für Jugendliche mit türkischem Migrationshintergrund auf ihrem Weg in die Erwerbstätigkeit in der BRD

Bibliografische Information Der Deutschen Bibliothek
Die Deutsche Bibliothek verzeichnet diese Publikation in der Deutschen
Nationalbibliografie; detaillierte bibliografische Daten sind im Internet über
http://dnb.ddb.de abrufbar.
1. Aufl. - Göttingen : Cuvillier, 2007

978-3-86727-363-3

© CUVILLIER VERLAG, Göttingen 2007
Nonnenstieg 8, 37075 Göttingen
Telefon: 0551-54724-0
Telefax: 0551-54724-21
www.cuvillier.de

978-3-86727-363-3

Vorwort

Während in der öffentlichen Diskussion in Deutschland die Themen Integration, Assimilation wie auch mangelnde Chancengleichheit der ausländischen Mitbürger ein zunehmend breites Feld einnehmen, öffnet sich besonders unter den Jugendlichen mit türkischem Migrationshintergrund die Qualifikationsschere rapide: Einerseits verläßt seit Jahren eine wachsende Zahl dieser Jugendlichen das allgemein bildende Schulsystem ohne Abschluß, immer weniger beteiligen sich am betrieblichen Berufsausbildungssystem, ihre Deutschkenntnisse nehmen ab und die Zahl jugendlicher Arbeitsloser mit türkischem Migrationshintergrund steigt, was diesen Personenkreis in die Gefahr bringt, dauerhaft ins soziale Abseits der deutschen Gesellschaft zu geraten. Andererseits steigt die Zahl der Jugendlichen mit türkischem Migrationshintergrund, die in Deutschland hochqualifizierte Abschlüsse erreichen, mit denen wiederum entsprechend positive Erwerbs- und Zukunftsperspektiven verbunden sind. Das vorliegende Buch zeigt vor diesem Hintergrund die aktuelle schulische und ausbildungsrelevante Situation der Jugendlichen mit Migrationshintergrund auf und beschäftigt sich mit der Frage, ob insbesondere für den Personenkreis der Jugendlichen mit türkischem Migrationshintergrund auf ihrem Weg in die Erwerbstätigkeit der Schritt in die berufliche Selbständigkeit eine Option darstellt.

ULRIKE PAHLE-FRANZEN M.A. studierte an der Universität Karlsruhe (TH) Berufspädagogik und Soziologie. Sie ist freiberuflich mit den wissenschaftlichen Schwerpunktthemen Berufliche Erstausbildung, Sozialisation, Identität, interkulturelle Kompetenz, Jugend und Migration beschäftigt.

Inhaltsverzeichnis

Einleitung

Bei nahezu jedem fünften Einwohner der BRD ist der Migrationshintergrund Teil seiner Familienbiographie (vgl. Bommes, 2007, S. 3), davon entfallen etwa drei Fünftel auf ehemalige Arbeitsmigranten der Anwerbestaaten aus den 1960er Jahren und deren Nachkommen (vgl. BAMF, 2004, S. 94). Vermutlich haben in der BRD etwa 33% der Jugendlichen einen Migrationshintergrund, aber nur etwa 12% eine ausländische Staatsangehörigkeit (vgl. Granato, 2005, S. 1). Die Bevölkerung mit Migrationshintergrund[1] ist im Durchschnitt deutlich jünger als die deutsche Bevölkerung: 2005 waren 27,2% der Personen mit Migrationshintergrund jünger als 25 Jahre (vgl. BMBF, 2006c, S. 142). Diese Altersgruppe ist von besonderer Relevanz für das Bildungs- und Ausbildungssystem, da ein Großteil unter ihnen schulpflichtig ist bzw. eine schulische oder berufliche Ausbildung absolviert. 97% aller ausländischen Beschäftigten halten sich in den alten Bundesländern auf (vgl. BAMF, 2004, S. 195).

Die hohe Anzahl Jugendlicher mit türkischem Migrationshintergrund ohne schulische Qualifikation hat in den vergangenen Jahren stark zugenommen, ebenso hat ihr Anteil am „Übergangssystem" eine enorme Steigerung erfahren. Ihre geringe Beteiligung beziehungsweise die starke Abnahme ihrer Beteiligung am deutschen dualen System der Berufsausbildung und die seit Jahren wachsende Anzahl Selbständiger mit türkischem Migrationshintergrund geben Grund zur Annahme, daß ein Zusammenhang zwischen den beobachteten Faktoren und der zunehmenden beruflichen Selbständigkeit türkischer Migranten der zweiten und dritten Generation[2] besteht.

Um festzustellen, ob und inwiefern berufliche Selbständigkeit eine Option auf dem Weg in die Erwerbstätigkeit darstellen kann, werden Push- und Pull-Faktoren untersucht, die Selbständige mit Migrationshintergrund, insbesondere türkische Migranten der zweiten Generation, dazu bewegen, den Schritt in die berufliche Selbständigkeit zu wagen. Die Motive für die Wahl der beruflichen Selbständigkeit sind vielfältig, eine Auswahl soll hier aufgezeigt werden. Es wird hierbei der Frage nachgegangen, ob eher Zwänge oder Anreize als Auslöser für die Entscheidung zur beruflichen Selbständigkeit zum Tragen kommen. Die Ausbildungsreife der Jugendlichen stellt eine wichtige Zugangsvoraussetzung für den Erhalt eines Ausbildungsplatzes im deutschen dualen Berufsausbildungssystem dar. Es wird untersucht, welche der im Kampfsporttraining in der Gruppe vermittelten soft skills die Ausbildungsreife der Jugendlichen fördern. Dazu werden die ermittelten soft skills den Kriterien der Ausbildungsreife gegenübergestellt.

Laut Heinrich Abel hat der Berufspädagoge „den Ausbildungsgang der werktätigen Jugendlichen im Blick auf seine spätere Bewährung in Arbeit und Leben denkend zu durchdringen" und dabei „nach Ansatzpunkten für das Anregen von Bildungsprozessen Ausschau zu halten und so am Gesamtvorgang der Erziehung des Nachwuchses mitzuwirken" (1963, S. 170). So bildet für den Berufspädagogen „der Beruf als komplexes Problem den Mittelpunkt seiner Aufgabe [...]" (ebd.). Nach Abel muß dem Berufspädagogen, damit er dieser Aufgabensetzung gerecht werden kann, der Entwicklungsgang des jungen Menschen bekannt sein und er muß fähig sein, diesen beurteilen zu können. Arbeit und Berufsleben müßen in ihrer tatsächlichen Gegebenheit und Perspektive erfaßt und im Hinblick auf die Erziehung gedeutet werden.

---

[1] Am 31.12.2005 betrug der Anteil ausländischer Bevölkerung an der Gesamtbevölkerung Deutschlands 8,8%, dabei verzeichnete Baden-Württemberg mit 11,9% unter allen Flächenländern Deutschlands den höchsten Ausländeranteil (vgl. Landesamt, 2007). Unter den Städten verzeichnet Stuttgart bundesweit den höchsten Anteil an Bewohnern mit Migrationshintergrund (40%) (vgl. lpb, 2006).

[2] Der 1. (Zuwanderungs-)Generation gehören alle jene Personen an, die selbst zugewandert sind; bei der 2. Generation sind die Personen nicht selbst, sondern nur deren Eltern zugewandert; in der 3. Generation sind weder die Personen selbst noch deren Eltern, sondern die Großeltern zugewandert (vgl. BMBF, 2006c, S. 140).

Die Beteiligung an der beruflichen Ausbildung gilt in der BRD als positiver Integrationsindikator. Weil aber immer weniger Jugendliche mit Migrationshintergrund auf diesem Weg in die deutsche Aufnahmegesellschaft eingebunden werden, Integration über berufliche Ausbildung demnach immer weniger erfolgt beziehungsweise erfolgen kann, ergibt sich für Berufspädagogen die Auseinandersetzung mit der Frage der beruflichen Bildung Jugendlicher mit Migrationshintergrund, denn „pädagogisches Denken und Handeln haben ihr Tätigkeitsfeld im Mittelraum zwischen normativen Forderungen und historisch wie empirisch festgestellten Tatbeständen" (Abel, 1963, S. 4).

Insbesondere aufgrund der Vielfalt der von Berufspädagogen betreuten Gebiete[3] gewinnt für Berufspädagogen interkulturelles Wissen zunehmend an Bedeutung. Die Tätigkeit als Berufspädagoge setzt ein hohes Maß an Wissen über die aktuelle Situation im gesamten Schulbereich, über den Arbeits- und Ausbildungsstellenmarkt und über den Weiterbildungsbereich voraus. Hinzu kommen fundierte Kenntnis der Mentalität ausländischer Jugendlicher sowie Sensibilität hinsichtlich deren spezieller Lage (familiär, kulturell usw.) aber auch eine realistische Einschätzung der individuellen Fördermöglichkeiten. Zum Hintergrundwissen gehört dabei unter anderem auch die Kenntnis der Entwicklung der Migration in Deutschland.

Das pädagogische Konzept des sozialen Raums bzw. der Pädagogik des Jugendraums nach Böhnisch/Münchmeier wird durch die Netzwerkstruktur der Jugendlichen am Beispiel ihrer Einbindung in Familie und peer-group aufgezeigt. Dabei wird bei Jugendlichen mit türkischem Migrationshintergrund hinsichtlich ihres sozialen Raumes auch der Turkish Community Bedeutung beigemessen.

Durch die Verknüpfung verschiedener empirischer Methoden, theoretischer Perspektiven sowie unterschiedlicher Datenquellen und Untersuchungsmaterialien im Forschungsprozess („Methodentriangulation") soll eine Erweiterung respektive ein Zugewinn an Erkenntnis bezüglich des Arbeitsthemas gewonnen werden (vgl. Schäfers, 2003, S. 220). In der Sekundäranalyse[4] wird bereits veröffentlichtes, quantitatives Datenmaterial verwendet, des Weiteren wird auszugsweise auf die qualitative Methode in Form des narrativen Interviews[5] zurückgegriffen in Vertretung der grundlegenden methodologischen Annahme, daß „wissenschaftliche Erkenntnis in den Sozialwissenschaften aufgrund der Besonderheiten ihres Gegenstandes nicht mit Vorgehensweisen möglich ist, die sich am Vorbild der Naturwissenschaften orientieren" (Schäfers, 2003, S. 219).

Das verwendete statistische Material setzt sich bedingt durch die Vielschichtigkeit des Themas und der verhältnismäßig dürftigen Datenlage hinsichtlich des nach Ethnien differenzierten Erwerbsstatus von Migranten aus unterschiedlichen institutionellen Quellen zusammen. Bezeichnungen wie

---

[3]Zum Beispiel berufliche Ausbildung, Fortbildung, Weiterbildung, Schulung, Berufsschule, Jugendarbeit, Beratung und Coaching von deutschen und ausländischen Jugendlichen vor und während der Ausbildung sowie beim Übergang zur „Zweiten Schwelle", Beratung von Selbständigkeitsaspiranten, Beratung und Begleitung bei Weiterbildungsmaßnahmen, Beratung von deutschen und ausländischen Ausbildenden.

[4]Als Sekundäranalyse wird eine Vorgehensweise bezeichnet, bei der „bereits vorhandenes Datenmaterial unabhängig von den Untersuchungszielen der Primärerhebung mit eigenständiger Problemstellung erneut ausgewertet wird. Es kann sich bei dem Datenmaterial um amtliche und nichtamtliche Statistiken oder um Daten, welche in einem sozialwissenschaftlichen Forschungsprozess erhoben wurden, handeln. Im Rahmen seiner inhaltlichen Grenzen ist jedes Datenmaterial unabhängig von der M., mit der es erhoben wurde, grundsätzlich für eine Sekundäranalyse geeignet [...]" (Schäfers, 2003, S. 227).

[5]„Ein wichtiges Argument für die Durchführung narrativer Interviews ist die Erfordernis, die Prozesshaftigkeit des Sozialen erfassen zu wollen. Es geht dabei um das Konstrukt der subjektiven Wirklichkeit" (Bernart u. Krapp, 2005, S. 37).

„Personen mit Migrationshintergrund"[6], „Ausländer"[7], „ausländische Bevölkerung", „nicht-deutscher Herkunft" oder „Migranten" führen zu Schwierigkeiten bei der Vergleichbarkeit der Statistiken.

Weiterhin wurde unter anderem auf eine ausgiebige, zusätzliche Internetrecherche hinsichtlich aktueller amtlicher und wissenschaftlicher Sekundärstatistiken (Forschungsberichte, Mikrozensus, Kammerdaten) zurückgegriffen sowie Kontakt mit einigen der zitierten Institutionen aufgenommen. Durch die Hinzunahme des narrativen Interviews mit dem Leiter eines Kampfsportvereins in Ettlingen (Baden-Württemberg) vom Mai 2006 zum Thema „Integration von Migrantenjugendlichen durch den Kampfsport im Verein" wurde der hermeneutisch gewonnenen Erkenntnis der Vorzug vor weiterem quantitativ gewonnenem Datenmaterial gegeben.

Da die ethnienbezogene Datenlage derzeit nicht einheitlich geregelt ist bzw. nicht explizit ausgewiesen wird wie beispielsweise bei der Berufsbildungsstatistik, den Handwerkskammern und den Innungen, werden die Angaben zu Jugendlichen mit Migrationshintergrund den Angaben zu deutschen Jugendlichen gegenübergestellt. Insofern relevantes Datenmaterial explizit über die Gruppe der Jugendlichen mit türkischem Migrationshintergrund zur Verfügung steht, wird dies separat ausgewiesen.

Aufgrund einer besseren Lesbarkeit wird auf „geschlechtergerechte" Gestaltung des Textes (Doppelnennung, Schrägstrich, Klammerbenutzung) verzichtet. Die maskulinen Personenbezeichnungen implizieren daher auch stets die weibliche Form.

---

[6]Laut Mikrozensus 2005 gehören zu den Personen mit Migrationshintergrund neben den Ausländer(n)/innen und den Migrant(en)/innen sowie den in Deutschland geborenen Eingebürgerten auch eine Reihe von in Deutschland Geborenen mit deutscher Staatsangehörigkeit, bei denen sich der Migrationshintergrund aus dem Migrationsstatus der Eltern ableitet. Zu dieser Gruppe gehören die deutschen Kinder (Nachkommen der ersten Generation) von Spätaussiedlern und Eingebürgerten auch dann, wenn nur ein Elternteil diese Bedingungen erfüllt, während der andere keinen Migrationshintergrund aufweist. Außerdem gehören zu dieser Gruppe seit 2000 auch die (deutschen) Kinder ausländischer Eltern, die die Bedingungen für das Optionsmodell erfüllen, das heißt mit einer deutschen und einer ausländischen Staatsangehörigkeit in Deutschland geboren wurden (vgl. DESTATIS, 2006c, S. 94).
[7]Ausländer ist jeder, der nicht Deutscher im Sinne des Art. 116 (1) des Grundgesetzes der BRD ist: „Deutscher im Sinne dieses Grundgesetzes ist vorbehaltlich anderweitiger gesetzlicher Regelung, wer die deutsche Staatsangehörigkeit besitzt oder als Flüchtling oder Vertriebener deutscher Volkszugehörigkeit oder als dessen Ehegatte oder Abkömmling in dem Gebiete des Deutschen Reiches nach dem Stande vom 31. Dezember 1937 Aufnahme gefunden hat" (bpb, 2000, S. 79).

1 Historische Entwicklung: Vom türkischen „Gastarbeiter" zum Selbständigen mit türkischem Migrationshintergrund in der BRD

Am 31. Oktober 1961 wurde das „Abkommen zur Anwerbung türkischer Arbeitskräfte für den deutschen Arbeitsmarkt" zwischen der Türkei und der BRD unterzeichnet. Dieses Wirtschaftsvorhaben wurde als „Win-Win-Situation" gewertet, denn die Türkei hatte zu diesem Zeitpunkt eine hohe Anzahl junger Arbeitsloser und in Deutschland „boomte" der Wiederaufbau sowie die Fertigungsindustrie bei gleichzeitigem Arbeitskräftemangel.[1] Zwischen 1955 und 1973 kamen die meisten Arbeitsmigranten vor allem aus den Anwerbeländern im Mittelmeerraum und aus der Türkei. Das Wirtschaftswachstum forderte immer mehr Arbeitskräfte, so daß die deutschen Unternehmen schon bald nicht mehr bereit waren, sich an das vereinbarte Rotationsprinzip[2] zu halten. Sie argumentierten, daß der Aufwand, ständig neue unqualifizierte Arbeitskräfte aus einem fremden Land einarbeiten zu müßen, wirtschaftlich untragbar sei und verlängerten die Arbeitsverträge mit den bereits anwesenden Arbeitern aus den Anwerbestaaten. Dies führte dazu, daß das ursprünglich vereinbarte Rotationsprinzip nach verhältnismäßig kurzer Zeit komplett eingestellt und die ausländischen Arbeitnehmer ohne zeitliche Einschränkung weiterbeschäftigt wurden.

In dieser ersten Phase der Einwanderung spielten aufgrund der von beiden Seiten vorausgesetzten temporären Aufenthaltsdauer[3] in der BRD mögliche Kulturkonflikte oder Integrationsprobleme eine untergeordnete Rolle (vgl. Sen u. Goldberg, 1994, S. 12). Das erwirtschaftete Geld eröffnete den ausländischen Arbeitnehmern scheinbar die Möglichkeit zu einem gemäßigten Wohlstand und damit zu einer Statuserhöhung in der Heimat, so daß vor allem Verkauf und Bezahlung der Arbeitskraft das beiderseitige Interesse bestimmte (ebd.). Zum Zeitpunkt des generellen Anwerbestopps für Ausländer aus Nicht-EU Staaten (ab November 1973) von Seiten der Deutschen Bundesregierung

---

[1] Als Ursachen für den Arbeitskräftemangel gelten die fehlenden Zuzüge von Arbeitskräften aus der Sowjetischen Besatzungszone nach dem Berliner Mauerbau (1961), der Eintritt der geburtenschwachen Kriegsjahrgänge in das Erwerbsleben (ab 1962), der Abzug junger Männer aus dem Erwerbsleben durch ihre Rekrutierung als Wehrpflichtige in die Bundeswehr (nach 1956), die Verkürzung der Arbeitszeit von 44,4 Wochenstunden (1960) auf 41,4 Wochenstunden (1967) sowie die verbesserte Altersvorsorge, die den Arbeitnehmern einen früheren Austritt aus dem Erwerbsleben ermöglichte.

[2] „Rotationsprinzip": Junge, gesunde Menschen (bevorzugt Männer) wurden in die BRD angeworben, um hier, ausgestattet mit einem festen Arbeitsvertrag und einer „Wohnplatzzusage", für einen Zeitraum von einem bis vier Jahren in deutschen Firmen (vor allem Fabriken des verarbeitenden Gewerbes) beschäftigt zu werden (vgl. Praschma u. a., 2003, S. 79). Nach Ablauf des jeweiligen Vertrages sollten sie wieder in ihr Heimatland zurückkehren, um direkt danach durch neue, unverbrauchte Arbeitskräfte aus ihrem Heimatland ersetzt zu werden (ebd.). Der sich daraus in den Folgejahren ableitende Männerüberschuß unter den Arbeitsmigranten hat sich bis heute - wenn auch abgeschwächt - erhalten (vgl. Sauer u. Goldberg, 2006, S. 7).

[3] 1966 betonte der Staatssekretär im Arbeitsministerium, L. Kattenstroth, in Bezug auf die „Gastarbeiterfrage": „So tragen die ausländischen Arbeitnehmer, von denen 90 v.H. in bestem Schaffensalter zwischen 18 und 45 Jahren stehen, einerseits erheblich zur Gütervermehrung bei, ohne andererseits die Konsumgüternachfrage in der Bundesrepublik in gleichem Umfang zu erhöhen. Hinzu kommt, daß die ausländischen Arbeitnehmer in der Bundesrepublik Lohnsteuer und Sozialversicherungsbeiträge nach denselben Regeln wie inländische Arbeitnehmer zahlen. Bei dem Lebensalter der ausländischen Arbeitnehmer wirkt sich das z. Zt. vor allem für die deutsche Rentenversicherung sehr günstig aus, weil sie weit höhere Beiträge von den ausländischen Arbeitnehmern einnimmt, als sie gegenwärtig an Rentenleistungen für diesen Personenkreis aufzubringen hat [...]" (zit.n. Herbert, 1986, S. 197). Diese vor 41 Jahren getätigte Aussage wirkt aus heutiger Sicht etwas naiv, aber sie verdeutlicht, daß damals offensichtlich nicht an einen Dauerverbleib der ausländischen Arbeitskräfte in Deutschland geglaubt wurde.

waren etwa 2,6 Millionen „Gastarbeiter"[4] in Deutschland, darunter stellten türkische Staatsbürger mit 900.000 Personen den höchsten Anteil (vgl. Praschma u. a., 2003, S. 80). Die Arbeitnehmer aus der Türkei befürchteten, daß ihnen eine nochmalige Migration in die BRD verwehrt würde, sobald sie diese verlassen hätten. Als Resultat setzte nach dem Anwerbestopp ein verstärkter Zuzug von Familienangehörigen[5] aus der Türkei ein. Über den Familiennachzug[6] fand eine Sekundäreinwanderung statt, die die Migrantenfamilien in Deutschland „vereinigte, konsolidierte und verstärkte" (Praschma u. a., 2003, S. 80). Bis zum Jahr 2003 waren von etwa 2,5 Millionen türkischstämmigen Einwohnern der BRD mehr als die Hälfte (54%) im Zuge der Familienzusammenführung in die BRD eingewandert (vgl. Praschma u. a., 2003, S. 83). Infolge des Familiennachzugs entwickelte sich nach 1973 eine grundlegende Veränderung in der türkischen Bevölkerungsstruktur in der BRD. Laut Klaus J. Bade wirkte der Anwerbestopp von 1973 als „Bumerang", da er den Wandel von der Arbeitswanderung zur Einwanderung verstärkte (vgl. Bade, 2007, S. 35). Waren 1972 noch etwa 83% der Türken in der BRD sozialversicherungspflichtig Beschäftigte, so waren dies 1994 noch etwa 33% (vgl. Sen u. Goldberg, 1994, S. 23). Dies gilt als Ausdruck des zunehmenden Anteils an nicht erwerbstätigen, nachgezogenen Familienangehörigen.[7]

Ein großer Teil der seit den 1950er Jahren als „Gastarbeiter" Zugewanderten erkannte nicht den Wandel von der Arbeitswanderung über den zeitlich offenen Daueraufenthalt hin zu einer tatsächlichen Einwanderungssituation und verhielten sich vielfach nicht so, „wie es von nach beruflich-sozialem Aufstieg im Einwanderungsland strebenden Einwanderern eigentlich zu erwarten gewesen wäre [...]" (Bade, 2007, S. 33). Dies galt unter anderem „für das Erlernen der deutschen Sprache wie auch für Bildung, Ausbildung und berufliche Qualifikationen der zweiten Generation über das Niveau der un- bzw. angelernten Beschäftigungsverhältnisse hinaus [...]" (ebd.). Der Schritt türkischer Mitbürger in die berufliche Selbständigkeit in der BRD stellt dagegen eine Form des sozialen Aufstiegs dar, der der migratorischen Aspiration zur Verbesserung der Lebenssituation in vielen Fällen entgegenkommt (siehe Kapitel 7).

---

[4]Der Begriff „Gastarbeiter" ist eher der Umgangssprache zuzurechnen. Diese Bezeichnung sollte sich gegen die seit dem Zweiten Weltkrieg negativ besetzte Bezeichnung „Fremdarbeiter" abheben und verdeutlicht, daß in der Bevölkerung der BRD die Meinung vorherrschte, daß die ausländischen Arbeitskräfte tatsächlich nur vorübergehend, quasi als Gast, in der BRD bleiben würden.

[5]Anzumerken ist hierbei, daß nach türkischem Verständnis der Begriff „Familie" wesentlich weiter gefasst wird, als dies bei Deutschen der Fall ist, denn sie geht teilweise auch über blutsverwandte Bindungen hinaus (vgl. Praschma u. a., 2003, S. 92).

[6]Bis 1965 gab es in Deutschland keine Restriktionen bezüglich des Familiennachzugs der „Gastarbeiter" (vgl. Han, 2000, S. 75). Später wurden die entsprechenden Gesetze mehrmals geändert; derzeit ist in Deutschland der Familiennachzug auf die (Ehe-)Partner und Kinder beschränkt (vgl. Praschma u. a., 2003, S. 78).

[7]Die wohlfahrtsstaatlichen Reglements durch staatliche und kommunale Sozialtransfers erleichterten das Leben der Zuwanderer. „Damit wurde der migratorische Selbstausleseprozess außer Kraft gesetzt, nach dessen ungeschriebenen harten Gesetzen weiterwandern oder zurückkehren muss, wer sich im Einwanderungsland wirtschaftlich nicht selbst versorgen kann" (Bade, 2007, S. 33). Die Änderung des Kindergeldgesetzes in der BRD vom 01.01.1975 legte höhere Kindergeldsätze für Kinder von Ausländern in der BRD fest. Da nach dem Territorialitätsprinzip allerdings nur für Kinder gezahlt wurde, die sich in der BRD aufhielten, führte dieses Gesetz zu einem verstärkten Kindernachzug aus dem Ausland in die BRD (vgl. Herbert, 1986, S. 230). Viele türkische Jugendliche kamen so als Seiteneinsteiger in die Bundesrepublik, was wiederum die Bundesregierung veranlaßte, diesen Personenkreis - unbeachtet der heterogenen schulischen Vorbildung - in „Maßnahmen zur Berufsvorbereitung und sozialen Eingliederung" (MBSE) einzubinden, um durch die angebotenen Kurse auf die in Deutschland übliche Berufsausbildung vorzubereiten. Da diese Maßnahmen zu kurzfristig angelegt waren, um den Bedürfnissen der türkischen Jugendlichen gerecht werden zu können, wurde dieses Programm 1985 eingestellt (vgl. Sen u. Goldberg, 1994, S. 22).

2 Berufsausbildung im deutschen Selbstverständnis

Während bereits G. Dehn 1929 konstatierte „Die Tragödie des Ungelernten besteht darin, daß er eben keinen Beruf hat, sondern nur noch Arbeit" (zit.n. Schelsky, 1963, S. 170) wurden Erwerbsarbeit und Beruf zur „Achse der Lebensführung" (Beck, 2003, S. 220). Laut Karl Ulrich Mayer wurde inzwischen aus wissenschaftlicher, journalistischer und politischer Sicht die These vom Ende des lebenslangen Berufes zur Gewißheit (2000, S. 385).[1] Trotz der zunehmenden Unsicherheit hinsichtlich des künftigen Wertes auf dem Arbeitsmarkt wird die berufliche Ausbildung weiterhin in der deutschen Gesellschaft als Basis der künftigen Existenzgrundlage, der gesellschaftlichen Integration, der sozialen Teilhabe und als legitimes Strukturierungsprinzip für den Arbeitsmarkt angesehen. Dies kann nach Hecht und Pommernelle als die „für die Deutschen typische Wertschätzung des Gelernten" angesehen werden (zit. n. Abel, 1963, S. 72).

Historisch-systematisch argumentierend soll im Folgenden für den Zeitrahmen seit die ersten „Gastarbeiter" in die BRD kamen bis zur heutigen Zeit aufgezeigt werden, wie in der deutschen Berufspädagogik Stellung zum Thema Beruf bzw. Arbeit und Beruflichkeit bezogen wurde. Als relevante Vertreter der Berufskonzept-Debatte werden die Positionen von Fritz Blättner (für die klassische Bildungstheorie), Heinrich Abel (für die realistische Wende) und Antonius Lipsmeier (für die emanzipatorische Berufspädagogik) aufgezeigt.

2.1 Bedeutung des Berufs und der Berufserziehung (Fritz Blättner)

Fritz Blättner grenzt zwischen „Beruf" und „Arbeit" ab: *Der Beruf* (im idealtypischen Verständnis) stellt eine sinnvolle Lebensgestaltung dar mit der Perspektive „der Erfüllung des Lebens in Dauer und Tiefe", dabei schafft er gleichzeitig eine „innige Beziehung zum Werk und zu den Menschen" (1954, S. 35). *Die Arbeit* definiert Blättner dagegen als „eine sachliche Tatleistung mit deren Lohn ein möglichst hoher Lebensstandard gesichert werden soll" (1954, S. 40). Im Gegensatz zum Beruf beansprucht die Arbeit erst gar nicht für sich, lebenserfüllend zu sein. Der Lohn der Industriearbeiter für ihre Arbeitskraft ist weder Gewinn noch Anerkennung, wie das z. B. beim Handwerker der Fall wäre, sondern stellt lediglich den tarifmäßig errechneten Beitrag zu den Lebenshaltungskosten dar. Der Arbeiter und seine Arbeitskraft werden zur Ware. Er ist von der Wirtschaft hochgradig abhängig und lebt nur noch für die Arbeit und deren Bezahlung. Bedeutsam bleibt lediglich, wie meßbar und einsetzbar der Mensch als Arbeitskraft ist. Das Wesen des Menschen oder seine Bestimmung interessiert in der technischen Wirtschaft nicht mehr. Die Wirtschaft ist eine „unpersönliche, ungeheure Wirklichkeit [...] von der, in der und mit der wir alle leben" (Blättner, 1954, S. 36).

Die veränderten Arbeitsumstände in der Industrie und in der Wirtschaft sowie die Veränderungen im pädagogischen Denken und in der Struktur der Jugend verlangen ein Überdenken der bisherigen Berufserziehung. Blättner erkannte, daß es wenig Sinn macht, ohne Berücksichtigung der tatsächlichen Arbeitsgegebenheiten an einem Ausbildungsideal festzuhalten, das weder für den Industriearbeiter selbst noch für seinen Arbeitgeber von Nutzen ist. Aus dieser Sichtweise heraus wertet Blättner es als Romantik, für Industriearbeiter eine Berufserziehung zu entwerfen, die auf einen „Vollberuf" hinzielt. Bei der Berufserziehung der Arbeiter ist es notwendig, zu berücksichtigen, „was der Arbeiter in seinem Selbstverständnis wirklich ist, und daran die erzieherischen Bemühungen anzuknüpfen" (Blättner, 1954, S. 34). Die Ausbildung des „neuen Typs des Industriearbeiters"

---

[1] „[...] Wenn sich arbeitsrelevantes Wissen rasch ändert und dieses Wissen vor allem in Form von Beruf strukturiert, verteilt und verfügbar ist, dann ist die Schlußfolgerung, ein Beruf könne nicht mehr ein ganzes Arbeitsleben lang ausgeübt werden, scheinbar offensichtlich" (Mayer, 2000, S. 385).

11

wurde im dualen System in den Betrieben und in den Berufsschulen unter Beachtung der neuen technischen Möglichkeiten und der sich gewandelten Ausbildungssituation, entsprechend seiner von der Handwerksausbildung abweichenden Eigenheiten, angepaßt. Blättners ursprüngliches Mißtrauen gegenüber der Ausbildung der Industriearbeiter wich später einer Position zugunsten der Akzeptanz dieser qualifizierten Berufsform. Daß Beruf und Beruflichkeit *unabdingbare Voraussetzungen* für künftige Erwerbsarbeit sind, stand für ihn außer Frage.

2.2 Bedeutung des Berufes und des Berufswechsels (Heinrich Abel)

Heinrich Abels Untersuchungen zum Thema „Berufswechsel und Berufsverbundenheit" zeigen aufgrund empirischer Daten, wie wichtig die Erklärung eines Phänomens im Berufsbereich ist. Abel untersuchte mit empirischen Mitteln das Berufsproblem nun auch unter berufspädagogischen Aspekten, welches bisher in der berufspädagogischen Theorie hauptsächlich unter historischen und anthropologischen Aspekten betrachtete wurde. Nach Abels Meinung ist „unser konservatives, wenig elastisches Ausbildungssystem [. . .] mit den [...] strukturellen Verlagerungen in immer betonter partiellen Widerspruch geraten. Ein Ausdruck dieser Entwicklung ist der Berufswechsel [...] " (1963, S. 184). Die von Abel belegte Berufsrealität des Berufswechsels paßte nicht zu dem bisher idealisierten Berufsdenken eines lebenslangen Verbleibs in einem Beruf. Nach seiner Auffassung mußte realisiert werden, daß in einer rationalisierenden Wirtschaft in Zukunft der Dauer- oder Lebensberuf verstärkt durch wechselnde, temporäre Beruftätigkeiten abgelöst würde (heterogene Berufsbiographie). Arbeit deutete er „als nichts anderes als eine Erscheinungsform des umfanggrößeren Berufes" (Abel, 1963, S. 171). Abel war der Ansicht, daß Jugendliche in Deutschland generell im Zuge ihrer Lebensplanung eine Berufsausbildung in der Industrie oder im Handwerk anstreben. Der berufliche Nachwuchs muß deshalb auf die tatsächlichen Gegebenheiten in der industriellen Gesellschaft vorbereitet werden. Auch die Berufspädagogik muß den Fakten des strukturellen und gesellschaftlichen Wandels durch die Anerkennung des „terminierten und dynamisierten Berufes" Rechnung tragen (Abel, 1963, S. 195).

2.3 Bedeutung des Berufs und der Beruflichkeit (Antonius Lipsmeier)

„Beruflichkeit war und ist das dominante Prinzip nicht nur des Wirtschafts- und Arbeitslebens, sondern auch der darauf bezogenen Bildungs- und Qualifizierungsprozesse, und zwar für unser gesamtes System des schulischen, betrieblichen und außerbetrieblichen Berufsbildungswesens" (Lipsmeier, 2001, S. 189). Antonius Lipsmeier spricht „vom verblassenden Wert des Berufes für das berufliche Lernen" (2001, S. 189), das heißt, daß mit einer bildungstheoretischen Aspekten der Berufsbegriff untauglich wird (vgl. 2001, S. 197). Die idealtypische Berufsform sei inzwischen überholt.

Nach Lipsmeiers Erkenntnissen erwarten wir, daß durch die Beruflichkeit sowohl ein wesentlicher Beitrag zur Integration von Jugendlichen und jungen Erwachsenen in die bestehende Gesellschaftsordnung als auch eine gewisse Persönlichkeitsprägung erfolgt (vgl. 2001, S. 190), die heutige Funktion des Berufs beschränkt sich jedoch auf die Erwerbsfunktion und allenfalls noch auf die Allokationsfunktion[2] (vgl. 2001, S. 195). Es stellt sich die Frage, was verschiedene, an der Berufsausbildung beteiligte Institutionen dazu veranlaßt, in ungewöhnlichem Einvernehmen an dem „Konstrukt Beruflichkeit" festzuhalten (Lipsmeier, 2001, S. 191). Nach Auffassung von Lipsmeier gilt „alles nicht Beruflichkeit Vermittelnde und auf Beruflichkeit Zielende als Unvollkommenes oder Minderwertiges" (2001, S. 189). Die Wertstellung des Berufs ansich geht in der deutschen Gesellschaft so weit, daß „jede berufliche Qualifizierungsmaßnahme, die weniger umfaßt, kürzer dauert, vor- oder nachbereitet,

---

[2]„Unter Allokationsfunktion wird in der Sozialwissenschaft der Prozeß der nach Funktionsnotwendigkeiten vorgenommenen oder durch sie begünstigten Verteilung von Arbeitskräften mit bestimmten Qualifikationen auf dem Arbeitsmarkt verstanden" (Lipsmeier, 1978, S. 15).

nicht oder nicht marktgängig zertifizierbar ist und die weder für die berufliche Erstausbildung noch für die berufliche Weiterbildung mit dem Stempel der Amtlichkeit per Eintragung in das jährlich erscheinende Register (Verzeichnis der anerkannten Ausbildungsberufe des Bundesinstituts für Berufsbildung, Bielefeld/ Anm. U.P.-F.) ausgezeichnet ist, also nicht zur vollen Beruflichkeit führt, [...] zweit- oder drittklassig" sei (Lipsmeier, 2001, S. 190).[3] Dies wird unter anderem bei berufsvorbereitenden Maßnahmen[4] wie dem Berufsgrundbildungsjahr oder dem Berufsvorbereitungsjahr deutlich, denn beide Maßnahmen erhöhen nicht signifikant die Chancen der Teilnehmer auf einen Ausbildungsplatz (siehe Kapitel 3.2). Auf die Diskussion um die Modularisierung der Berufsausbildung sei an dieser Stelle nur verwiesen.

Fritz Blättner, Heinrich Abel und Antonius Lipsmeier stellen das Konstrukt der Beruflichkeit in Frage. Aus diesen kritischen Perspektiven heraus sind die folgenden Ausführungen zu betrachten, denn einerseits hat die traditionelle Berufsausbildung und damit das Berufsmodell als „Normmodell" (noch) einen hohen gesellschaftlichen Stellenwert in Deutschland. Es verschafft den Erwerbstätigen mit und ohne Migrationshintergrund soziale Vorteile, sich dem Berufssystem anzupassen und einzufügen, was gleichzeitig die Minderwertigkeit der Stellung einer Person beim Fehlen eines Berufes impliziert. Der Stellenwert des Berufs nimmt zugunsten des Stellenwertes der Arbeit in der Erwerbstätigkeit ab. Wichtig ist in jedem Fall die Zertifizierung und Akkreditierung von Kompetenzen. Auf diesbezügliche aktuelle berufspädagogische Diskussionsthemen wie verkürzte Ausbildungsberufe, Stufenausbildung, Modularisierung[5] und Zertifizierung informell erworbener Kompetenzen kann hier nicht eingegangen werden. Ob die Berufsausbildung anschließend als Grundlage für eine Erwerbstätigkeit in abhängiger Beschäftigung oder als Basis für berufliche Selbständigkeit verwendet wird, ist zunächst irrelevant. Da seit Jahren ein hoher Prozentsatz der Arbeitslosen in der BRD als herausragendes, gemeinsames Merkmal das Fehlen einer qualifizierten Berufsausbildung aufweist, stellt die Berufsausbildung (als Ergänzung oder als Alternative zum Studium) einen sozialen Sicherungsfaktor dar. Der klassische Weg, von der allgemein bildenden Schule über die Berufsausbildung in die Erwerbstätigkeit im gelernten Beruf zu gelangen, wurde im Zuge individualisierter, heterogener Biographien eher zur Ausnahme. Von einer „Normalbiografie" kann nicht mehr ausgegangen werden.

2.4 Die Stellung deutscher und ausländischer Erwerbstätiger im Beruf

Die Stellung im Beruf entscheidet in der BRD in hohem Maße über die soziale Hierarchieeinordnung[6], wobei das deutsche berufliche Ausbildungswesen eine klare Segmentierungslinie hinsichtlich

---

[3]Stellungnahme des Bundesministeriums für Bildung und Forschung: „Wer sein Leben eigenständig führen möchte, braucht eine abgeschlossene Ausbildung. Sie ist der Schlüssel, der jungen Menschen Zutritt zur Berufs- und Arbeitswelt verschafft: Hier haben sie die Chance, eigene Pläne zu verwirklichen, erfolgreich zu sein und Anerkennung zu finden. Und mit dem selbst verdienten Geld können sie aktiv und eigenverantwortlich am gesellschaftlichen Leben teilhaben" (BMBF, 2001b, S. 1).

[4]Dieser Begriff umfaßt jedes Angebot, das „eine Vorbereitung oder Orientierung auf einen Beruf darstellt. Neben schulischen Angeboten zur Berufsvorbereitung in Berufsschulen, Berufsfachschulen oder Berufskollegs (z.B. BVJ, BGJ) sind dies sonstige berufsvorbereitende Maßnahmen (z.B. von der Bundesagentur für Arbeit geförderte berufsvorbereitende Bildungsmaßnahmen BvB)" (vgl. Reißig u. Gaupp, 2007, S. 12).

[5]Eine dem Berufsprinzip folgende breit angelegte berufliche Ausbildung ist laut Berufsbildungsbericht 2007 „[...] der Garant dafür, den insbesondere auf Know-How sowie Prozess- und Verfahrensinnovationen beruhenden deutschen Wettbewerbsvorteil dauerhaft zu sichern, indem die Wirtschaft auch in Zukunft auf umfassend ausgebildete Beschäftigte zurückgreifen kann" (BMBF, 2007b, S. 28). Auf die dementsprechende bisherige Absage der Länder zum sogenannten Segmentierungskonzept der Modularisierung in der Berufsausbildung in der BRD sei an dieser Stelle hingewiesen.

[6]Nach Erkenntnissen von Helmut Schelsky „[...] begründet der Mangel einer Berufszurechnung in einer Berufsgesellschaft, d.h. einer Sozial- und Wirtschaftsordnung, in der praktisch alle sozialen Ränge und Chancen sich in dem Berufsausweis und der Berufsleistung herleiten, das Gefühl einer Unterprivilegierung, eines Ausgeschlossenseins

13

Einkommen und Arbeitsbedingungen definiert. Da der deutsche Arbeitsmarkt traditionell einer starken berufsfachlichen Strukturierung unterliegt, wurden in den Wirtschaftswunderjahren vor allem in der Industriearbeiterschaft die un- und angelernten Positionen durch ausländische Arbeitnehmer besetzt. Zuwanderer, die keine Facharbeiterqualifikation vorweisen konnten oder deren Fachqualifikation nicht anerkannt wurde, konnten nicht zu qualifizierten Beschäftigungen aufsteigen. Dies blockierte insbesondere die Aufstiegschancen der ersten Zuwanderergeneration. Die historisch gewachsene Einteilung nach der Stellung im Beruf ist Ausdruck gesellschaftlicher Veränderungen. In den vergangenen Jahren hat sich die Struktur der Erwerbstätigen nach der Stellung im Beruf in der BRD signifikant verändert. Zwischen 1957 und 2004 erhöhte sich der Anteil der Angestellten unter den Erwerbstätigen um fast das Dreifache (vgl. DESTATIS, 2006b, S. 93). Als Begründung wird der sektorale Wandel angesehen (schrumpfender Primärbereich und expandierender Tertiärbereich)[7].

Seit der Bildungsexpansion der 1970er Jahre wurden in der BRD höhere Bildungsabschlüsse zunehmend mehr zur Voraussetzung als zur Garantie für einen höheren Sozialstatus. Nach Erkenntnissen von Rainer Geißler verlagert sich daher die Entscheidung über die soziale Platzierung weg vom Bildungssystem und hin zur Arbeitswelt (vgl. 1992, S. 221). Die strukturell niedrige Stellung der Pioniermigranten der 1960er Jahre auf dem Arbeitsmarkt zeigt nachhaltige Auswirkungen auf die Chancen der zweiten und dritten Zuwanderergeneration. Diese nehmen eine risikobeladene Position mit hoher Zukunftsungewissheit im Erziehungs- und Ausbildungssystem sowie auf dem Arbeitsmarkt ein (vgl. BAMF, 2004, S. 96). Es ist erkennbar, daß sich die Arbeits- und Berufswünsche der Jugendlichen in gewissem Maße durch diese soziale Überformung auszeichnen und sie selbst auch wieder in Bereichen mit prekärer Erwerbssituation arbeiten (vgl. Enggruber u. a., 2004, S. 11). Laut Wolfgang Seifert wäre eine vollständige Integration in den Arbeitsmarkt dann erreicht, wenn sich zugewanderte Gruppen so über die Hierarchieebenen des Arbeitsmarktes verteilten, wie dies bei Erwerbstätigen insgesamt der Fall ist (vgl. Seifert, 2007, S. 13).

Aus dieser Perspektive wird deutlich, wie wichtig sich für Personen mit Migrationshintergrund die Integration in die Berufstätigkeit (u.a. durch den Erwerb formalisierter Qualifikationen) mit Blick auf die soziale Akzeptanz durch die deutsche Aufnahmegesellschaft darstellt.

---

von der sozialen Normalität; der Ungelernte gleicht dem Standlosen in einer Ständegesellschaft" (Schelsky, 1963, S. 171).
[7]Primärer Sektor 1950: 22,1% (2004: 2,3%)/ Sekundärer Sektor 1950: 44,7% (2004: 30,8%)/ Tertiärer Sektor 1950: 33,2% (2004: 66,9%) (vgl. DESTATIS, 2006b, S. 92).

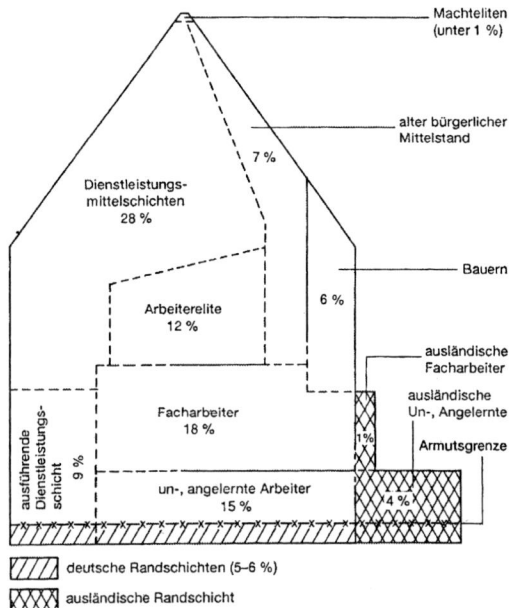

Abbildung 2.1: Soziale Schichtung der westdeutschen Bevölkerung in den 1980er Jahren (Quelle: Geißler, 1992, S. 76)

Noch in den 1980er Jahren wurde die überwiegende Anzahl der Ausländer als randständiger An-
bau an das aus der deutschen Gesellschaft bestehende „Bevölkerungshaus" dargestellt (Abbildung
2.1). Die beruflichen Qualifikationsstrukturen wandelten sich unter dem Einfluß neuer Techno-
logien rapide, dabei wurden insbesondere die Stellen für un- und angelernte Arbeiter dezimiert.[8]
Die Karrieren der ausländischen Arbeitskräfte blieben in weit höherem Maße auf Arbeiterberufe
beschränkt, als dies bei den deutschen Arbeitnehmern der Fall war.[9] Während ihres Aufenthaltes
in der BRD konnten die wenigsten ausländischen Arbeiter der ersten Generation einen beruflichen
Aufstieg erreichen; falls überhaupt, dann meist vom Hilfs- zum Facharbeiter (vgl. Herbert, 1986,
S. 224). Unter den Arbeitern in der BRD herrscht deshalb heute eine deutliche Überrepräsentanz
an Arbeitnehmern mit Migrationshintergrund.

---

[8] Während in der frühindustriellen Phase ein „Auszug des Gelernten und ein Einzug des Ungelernten" stattfand, so
gilt für die entwickelte Industrie „die Rückkehr des Gelernten und der Auszug des Ungelernten" (vgl. Schelsky,
1963, S. 172). Ungelernte Arbeit gilt heute somit als rückständige Arbeitsform.

[9] 1918 resümierte Friedrich Syrup zum Thema Ausländerbeschäftigung „Ist es unvermeidlich, ausländische Arbeiter
heranzuziehen, so erscheint es auch sozialpolitisch angezeigt, sie gerade mit den niedrigsten, keine Vorbildung
erfordernden und am geringsten entlohnten Arbeiten zu beschäftigen, denn dadurch besteht für die einheimische
Arbeiterschaft gleichzeitig der beachtenswerte Vorteil, daß ihr der Aufstieg von der gewöhnlichen, niedrig entlohnten Tagelöhnerarbeit zu der qualifizierten und gut entlohnten Facharbeit wesentlich erleichtert wird" (zit.n.
Herbert, 1986).

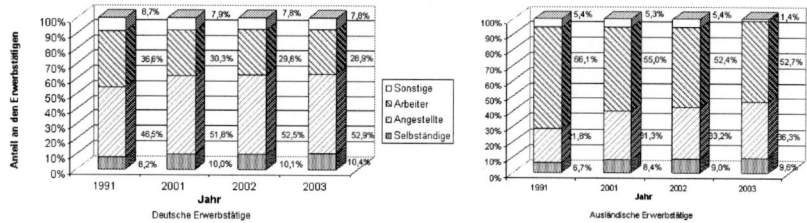

Deutsche Erwerbstätige   Ausländische Erwerbstätige

Abbildung 2.2: Deutsche und ausländische Erwerbstätige nach ihrer Stellung im Beruf 1991, 2001, 2002, 2003. (Quelle: Bundesregierung 2005, S. 51; Eigene Darstellung)

Die meisten Deutschen in abhängiger Beschäftigung waren im Zeitraum zwischen 1991 und 2003 Angestellte, während die meisten ausländischen Arbeitnehmer als Arbeiter tätig waren[10] (Abbildung 2.2). Auf der Verliererseite des deutschen Arbeitsmarktes stehen eindeutig Erwerbspersonen ohne abgeschlossene Berufsausbildung oder ohne abgeschlossenes Studium.[11] Der sich bereits seit Jahren deutlich abzeichnende Abbau von Einfacharbeitsplätzen wird die Arbeitsmarktchancen für diese Personengruppe zukünftig noch weiter verschlechtern.[12] Daraus resultierend haben deutsche und ausländische Erwerbstätige unterschiedliche Möglichkeiten, als Angestellte oder als Arbeiter Beschäftigung zu finden.

Die Entscheidung zur Emigration ist lebensprägend, denn die Migration in ein anderes Land kann die soziale Stellung innerhalb der Aufnahmegesellschaft *und* im Heimatland verändern. Oft erleben Migranten im Aufnahmeland eine vertikale Auf- oder Abwärtsmobilität, beispielsweise in ihrem Beruf oder in der Anerkennung ihres Bildungsstandes (vgl. Han, 2000, S. 17). Insbesondere die erste Generation der türkischen Migranten und die aus ihr hervorgegangenen Jugendlichen mit türkischem Migrationshintergrund der zweiten und dritten Generation haben entsprechend ihrer Stellung im Beruf zum Großteil einen niedrigen sozioökonomischen Status. Sie zählen zur sozialen Unter- bzw. Randschicht, obwohl die Einbindung der Personen mit Migrationshintergrund in die Wohlfahrtsstruktur der BRD vollzogen ist. Die zweite und dritte Generation der Migranten steht in direkter Konkurrenzsituation zu den deutschen Jugendlichen im Bemühen um Schulnoten, Zertifikate, Ausbildungsplätze, Studienplätze und um Arbeitsplätze.

Es ist festzustellen, daß von der Einwanderung *Geringqualifizierter* eher die ansässigen Hochqualifizierten profitieren, die ansässigen Geringqualifizierten, insbesondere andere Migranten, sind dadurch jedoch verstärkter Konkurrenz ausgesetzt (vgl. BAMF, 2004, S. 207). Von der Zuwanderung *hochqualifizierter* Migranten profitieren dagegen sowohl einheimische Gering- als auch Hochqualifizierte (ebd.). Laut Schröer/Sting bilden die Migranten eine neue Unterschicht, was die soziale Aufwertung der unteren Schichten der einheimischen Bevölkerung ermöglicht (vgl. 2003, S. 7). Durch

---

[10]Besonders ausgeprägt ist diese Unterscheidung bei Erwerbstätigen mit türkischer Staatsangehörigkeit: 2003 lag ihr Angestelltenanteil bei 22,4%, der Arbeiteranteil dagegen bei 71,0% (vgl. Bundesregierung, 2005, S. 51). Laut Seifert waren 2005 Eingebürgerte türkischer Herkunft deutlich häufiger Angestellte und seltener Arbeiter als Personen mit türkischer Nationalität (vgl. Seifert, 2007, S. 19).

[11]2005 verfügten unter den 25-35 jährigen Erwerbspersonen mit Migrationshintergrund beinahe die Hälfte (41%) über *keinen beruflichen Abschluß*, im vergleichbaren Personenkreis ohne Migrationshintergrund waren dies hingegen 15% (vgl. BMBF, 2006c, S. 146), während der Personenkreis mit türkischem Migrationshintergrund über den höchsten Anteil an Personen ohne beruflichen Bildungsabschluß (58%) verfügt (vgl. BMBF, 2006c, S. 148).

[12]2002 waren 47% der Arbeitnehmer mit türkischem Migrationshintergrund als gering Qualifizierte beschäftigt (Deutsche ohne Migrationshintergrund: 11,5%) (vgl. BAMF, 2004, S. 197).

die Beschäftigung ausländischer Arbeiter, vor allem im un- und angelernten Bereich[13], erlebten die deutschen an- und ungelernten Arbeiter einen massiven sozialen Mobilitätsschub („Umschichtung"). Zwischen 1960 und 1970 lag der Anteil dieser deutschen „Aufsteiger" bei etwa 2,7 Millionen Personen, davon fanden etwa 2,3 Millionen weiterhin eine Beschäftigung als Angestellte (vgl. Herbert, 1986, S. 201). Kritische Stimmen merken hierzu an, daß durch die Ausländerbeschäftigung an sich rationalisierungsbedürftige und unrentable Arbeitsplätze konserviert wurden. Dies führte in den Folgejahren zu einem Modernisierungsdefizit, das die Wirtschaft jedoch erst Jahre später realisierte (vgl. Herbert, 1986, S. 205). Die „geförderte Zuwanderung zur temporären Überbrückung konjunktureller und demographischer Engpässe auf dem Arbeitsmarkt" (Beger, 2000, S. 27) war somit funktional mitverantwortlich für den Strukturwandel des bundesdeutschen Beschäftigungssystems.

Im Jahr 2000 arbeiteten 48% der Erwerbstätigen, die eine Lehre abgeschlossen hatten, als einfache oder mittlere Angestellte, Beamte oder Arbeiter (vgl. DESTATIS, 2001). Mit dieser beruflichen Vorbildung erreichten 10% der Männer und 7% der Frauen eine Führungsposition mit komplexen Kompetenzen (ebd.). Die abgeschlossene betriebliche Ausbildung prädestiniert somit für sich alleine in den wenigsten Fällen zu einer Führungskarriere. In der deutschen Wirtschaft werden heute für Führungspositionen weitgehend Absolventen von Fachhochschulen und Hochschulen rekrutiert. Im Vergleich zu anderen Qualifikationsstrukturen (Studium, an- und ungelernte Tätigkeiten) haben sich seit Beginn der 1980er Jahre die Einkommensrenditen der Berufsfachkräfte erheblich verschlechtert (vgl. Mayer, 2000, S. 403).[14] Die Akademikereinkommen liegen weiterhin über denen der Ausgebildeten und Ungelernten, wogegen sich der Durchschnittsverdienst der Ausgebildeten dem der Ungelernten annähert, indem sich die Löhne der Ausgebildeten dem Niveau der Ungelernten anpassen (vgl. Baethge, 2006, S. 16). Laut Dagmar Beer-Kern haben zukünftig nur noch solche Erwerbspersonen Erfolg, die über einen oder mehrere formale Berufsabschlüsse verfügen und diese durch permanente Fort- und Weiterbildung ergänzen (vgl. 2005, S. 17). Die Chance zur gesellschaftlichen Teilhabe ist für Jugendliche mit türkischem Migrationshintergrund aufgrund fehlender schulischer und beruflicher Qualifikationen deutlich dezimiert.

---

[13]Die Arbeitsmigranten der ersten Generation wurden vor allem für einfache Dienstleistungen oder als unqualifizierte Hilfskräfte im mit wenig Prestige behafteten „3-D-Bereich "(dirty-demanding-dangerous = schmutzige, anstrengende und gefährliche Tätigkeiten) eingesetzt. Durch ihre niedrigere Qualifikation oder Einstufung erhielten sie im Vergleich zu deutschen Arbeitern niedrigere Löhne, hatten erheblich häufiger Arbeitsunfälle und wechselten ihren Arbeitsplatz häufiger als Deutsche (vgl. Herbert, 1986, S. 200). Anders als in den klassischen Einwanderungsländern wie Kanada oder Australien, die bevorzugt Hochqualifizierte in ihr Land holen, suchte die Bundesrepublik in den 1960er Jahren ausländische Arbeitnehmer, die für unqualifizierte Einfacharbeiten eingesetzt werden sollten.

[14]Zwischen 1995 und 2002 war eine entsprechende qualifikationsspezifische Einkommensveränderung bei den unter 40-jährigen Vollzeiterwerbstätigen in den alten Bundesländern festzustellen: *Ohne abgeschlossene Berufsausbildung*: Mittelwert des Bruttomonatseinkommens (DM umgerechnet in Euro) 1995: 1.808 Euro/2002: 2.375 Euro. Dies entspricht einer gruppenbezogenen Veränderung von 31%. *Mit abgeschlossener Berufsausbildung*: 1995: 2.139 Euro/ 2002: 2.885 Euro. Dies bedeutet eine gruppenbezogenen Veränderung von 35%. *Mit Universitätsabschluß* betrug die gruppenbezogene Veränderung 47% zwischen 1995 und 2002 (vgl. Weißhuhn u. Rövekamp, 2004, S. 169).

3 Verbleib der Jugendlichen nach dem allgemein bildenden Schulabschluß

Grundsätzlich ist vorauszusetzen, daß Jugendliche *Berufstätigkeit an sich* als sinnvoll betrachten müßen, damit sie sich für eine Berufsausbildung entscheiden. Nach Auffassung von Braun/Lex/Rademacker sind die inhaltlichen Vorstellungen von zukünftiger Erwerbsarbeit auch heute noch zentraler Bestandteil der Lebensläufe der Jugendlichen in der BRD. Als identitätsstiftende Kategorie hat der Beruf jedoch für sie inzwischen eine deutlich geringere Bedeutung (vgl. 2001, S. 14).

3.1 Einmündung in eine Berufsausbildung im dualen System

Das duale System der Berufsausbildung hat in der BRD fundamentale gesellschaftliche Bedeutung durch die große Streubreite qualifizierter Ausbildungen in mittlerweile über 350 anerkannten Ausbildungsberufen sowie durch die Vermeidung bzw. Verringerung der Jugendarbeitslosigkeit (vgl. BMBF, 2006c, S. 79). Durch die Kooperation und Koordination aus betrieblicher und schulischer Ausbildung mit einem qualifizierten Berufsabschluß werden gute Voraussetzungen für einen relativ bruchlosen Übergang zwischen Schulabschluß und Arbeitsmarkt geschaffen. 2005 befanden sich 57,5% (2004: 59,0%) aller deutschen und 23,7% (2004: 25,0%/ 2003: 27,1%/ 2002: 28,0%) aller ausländischen Jugendlichen in einer dualen Ausbildung (vgl. Granato, 2005, S. 3)/(vgl. BMBF, 2007b). 2005 betrug die Einmündungsquote[1] der Ausbildungsanfänger 58,0% (vgl. BMBF, 2006b, S. 41). Die berufliche Ausbildung im dualen System schafft somit für einen Großteil der Jugendlichen in Deutschland den Zugang zu einer „qualifizierten Fachkräftetätigkeit" (BMBF, 2006b, S. 1). Nach Erkenntnissen von Beer-Kern hat die qualifizierte Berufsausbildung neben einer qualifizierten schulischen Ausbildung einen bedeutenden Stellenwert für den Erfolg des gesellschaftlichen Integrationsprozesses von Migranten, denn gesicherte und qualifizierte Berufstätigkeit kann die Basis für den beruflichen und gesellschaftlichen Aufstieg ermöglichen und beeinflußt damit nachhaltig alle Lebensbereiche (vgl. 2005, S. 17). Die erste berufliche Ausbildung gilt in aller Regel als entscheidend für das weitere Berufsleben (vgl. Mayer, 2000, S. 396).

Der Beteiligungsrückgang Jugendlicher mit Migrationshintergrund am dualen System scheint seinen Grund immer weniger im anders gearteten Zukunftsentwurf der Jugendlichen zu haben, als vielmehr in den Zugangsvoraussetzungen, die für viele Jugendliche, insbesondere mit türkischem Migrationshintergrund, zunehmend eine zu hohe Barriere darstellen. Jedoch kann generell „ein Mangel an ausbildungsinteressierten Schulabgängern [...] ausländischer Herkunft nicht festgestellt werden" (Granato, 2001).[2] Das Interesse an einer betrieblichen Ausbildung ist bei Jugendlichen mit Migrationshintergrund, womöglich aufgrund fehlender Bildungszertifikate oder mangelnder Sekundarmöglichkeiten, noch etwas stärker ausgeprägt als bei Jugendlichen ohne Migrationshintergrund.[3]

---

[1] Die Einmündungsquote der Ausbildungsanfänger bezeichnet den rechnerischen Anteil der neu abgeschlossenen Ausbildungsverträge an den Schulabgängern (vgl. BMBF, 2006b, S. 41).

[2] Für die dritte Generation gilt, daß „eine verbesserte schulische Situation in Verbindung mit steigenden Verbleibabsichten" das Interesse an einer fundierten beruflichen Ausbildung fördert (Sen u. Goldberg, 1994, S. 58). Unter allen Auszubildenden ausländischer Herkunft stellten 2005 Jugendliche mit türkischem Migrationshintergrund mit einem Anteil von ca. 38% die größte Gruppe dar; ihre Anzahl war allerdings im Vergleich zu 2004 um 10% gesunken (vgl. BMBF, 2006b, S. 113).

[3] Jugendliche mit Migrationshintergrund streben vergleichbar häufig eine betriebliche Ausbildung an wie Jugendliche ohne Migrationshintergrund (57,3% zu 56,9%) (vgl. BMBF, 2007b, S. 40).

Bei der Umsetzung ihres Berufsplanes scheitern Jugendliche mit Migrationshintergrund überproportional oft (vgl. BMBF, 2006b, S. 183), denn die realen Chancen auf einen Ausbildungsplatz stehen häufig in Diskrepanz zu den Zukunftsplänen der Jugendlichen.[4]

Eine Ausbildung im Handwerk gilt für viele deutsche Jugendliche als eine Ausbildung zweiter Wahl, da das Handwerk verhältnismäßig schlechte Übernahmechancen nach der Berufsausbildung bietet und daher einen Berufswechsel oft zwingend notwendig macht. Für Jugendliche mit Migrationshintergrund stellt sie häufig die gewünschte Wahl bzw. die einzige Möglichkeit dar, überhaupt einen Ausbildungsplatz zu bekommen. Im Vergleich zu 2005 verzeichnete das Handwerk 2006 eine Zunahme an Ausbildungsverträgen um 3,6% (vgl. BMBF, 2007b, S. 23).

Der größte Teil der Ausbildungsplatzbewerber mit Migrationshintergrund verfügt lediglich über einen Hauptschulabschluß als höchstem Bildungsabschluß, deshalb trifft sie der Rückgang des Ausbildungsplatzangebotes besonders hart.[5] Obwohl der Anteil an Auszubildenden mit Migrationshintergrund in den Freien Berufen seit Jahren rückläufig ist[6] erhielten hier auch Hauptschüler eine Chance. Die Tatsache, daß 2005 mehr bis 16 Jährige hier einen Ausbildungsplatz fanden (15%) als über 19 Jährige (14,8%) spricht dafür, daß vor allem Hauptschüler und Realschüler ausgebildet werden. Auch in den Freien Berufen ist wieder das Phänomen erkennbar, daß eher Jugendliche ohne Hauptschulabschluß einen Ausbildungsplatz finden (0,5%) als Jugendliche nach dem BVJ (0,2%) oder BGJ (0,4%) (vgl. DESTATIS, 2006a).

Die *besten Chancen* auf einen betrieblichen Ausbildungsplatz haben im Vergleich zu anderen Gruppen männliche Bewerber ohne Migrationshintergrund im Alter bis 18 Jahre sofern sie an *keiner* beruflichen Grundbildung teilgenommen haben, über einen mittleren Abschluß bis FH-Reife verfügen und gute Noten in Deutsch und Mathematik nachweisen können (vgl. BMBF, 2006b, S. 167). Die Wirtschaftsvertreter in der BRD zeigen sich in Sorge um ausreichend qualifizierte Nachwuchskräfte, denn die demographische Entwicklung mit sinkenden Schülerzahlen, mangelnder Ausbildungsreife der Ausbildungsplatzbewerber und gleichzeitig gestiegenem Qualifikationsbedarf der Mitarbeiter, könnte zum Fehlen zukünftiger Fachkräfte führen.[7]

Die Schulabgänger sind seit den 1990er Jahren mit Massenarbeitslosigkeit und einer permanenten Krise des Ausbildungs- und Beschäftigungssystems konfrontiert. Der Rückgang des Arbeitsmarktes durch verstärkte Rationalisierung, Outsourcing von Arbeitsplätzen bzw. Zunahme an Zeitarbeitsbeschäftigungen (vgl. DIHK, 2006a, S. 3) sowie der damit einhergehende Rückgang an Ausbildungsbetrieben erschweren den Jugendlichen den Einstieg in die betriebliche Berufsausbildung.[8] Insbesondere die geburtenstarken Jahrgänge der letzten Jahre hatten Probleme, bei einem gleichzeitig stark verminderten Angebot an Ausbildungsstellen einen Ausbildungsplatz zu erhalten.

---

[4]2006 konnten 42% (2005: 25%) der Jugendlichen mit Migrationshintergrund ihren Berufswunsch realisieren (ohne Migrationshintergrund: 54,1%/ 2005: 51,9%) (vgl. BMBF, 2007b, S. 45).

[5]2004 verfügten im Handwerk beinahe die Hälfte (47,5%) der Auszubildenden mit einem neu abgeschlossenen Ausbildungsvertrag über einen Hauptschulabschluß (vgl. BMBF, 2006b, S. 104). Die Zahl der Auszubildenden mit türkischem Migrationshintergrund im Handwerk verringerte sich bis 2005 von 22.470 (1992) auf 8.990 (vgl. ZDH, 2006).

[6]2006 minus 3,5% im Vergleich zu 2005 (vgl. BMBF, 2007b, S. 9). Als Grund für die stark gesunkene Zahl der Neuabschlüsse gilt die negative Vertragsentwicklung in den humanmedizinischen Freien Berufen (vgl. BMBF, 2007b, S. 24).

[7]Laut Prognose der KMK würde es voraussichtlich 2013 und 2015 jeweils wegen der doppelten Abiturjahrgänge noch einen Höhepunkt bei den Schulabgängerzahlen geben, dann würden sich diese jedoch bis 2020 reduzieren (vgl. KMK, 2006, S. 50). Bis zum Jahr 2015 droht Deutschland laut Untersuchungen des IAB und des BIBB besonders unter den 30-45 Jährigen ein enormer Fachkräftemangel (vgl. BMBF, 2007a).

[8]Der bundesweite Rückgang bei den neu abgeschlossenen Ausbildungsverträgen betrug 2005 im Handwerk -6,7%, im Öffentlichen Dienst -6,3% in Industrie und Handel -2,0%, in den Freien Berufen -6,3%, in der Hauswirtschaft -15,5% und in der Landwirtschaft -2,7% (vgl. BMBF, 2006b, S.41). Lediglich bei der Seeschiffahrt ergab sich eine Zunahme um 52,0% (ebd.).

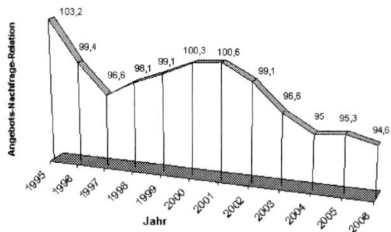

Abbildung 3.1: Bundesweite Angebots-Nachfrage-Relation 1995 bis 2006. (Quelle 1995-2004: BMBF 2006b, S. 15/ Quelle 2005/2006: BIBB, 2007; Eigene Darstellung)

Die Angebots-Nachfrage-Relation verdeutlicht die angespannte Lage auf dem Ausbildungsstellenmarkt, zeigt aber auch den Stellenwert, den eine Berufsausbildung im dualen System nach wie vor für viele Jugendliche hat. Trotz des seit Jahren abnehmenden Angebots an betrieblichen Ausbildungsplätzen sinkt die Zahl der jugendlichen Bewerber nicht im gleichen Maße. 2006 fanden 94,6 von 100 Nachfragenden einen Ausbildungsplatz (2005: 95,3 von 100) (Abbildung 3.1). Trotz des inzwischen angestiegenen Angebots an Ausbildungsplätzen[9] hat sich die Angebots-Nachfrage-Relation im Vergleich zum Vorjahr um 0,7% (NBL: minus 2,2%/ABL: minus 0,3%) reduziert, was zum Teil auf den anwachsenden Anteil an Altbewerbern unter den Nachfragenden zurückzuführen ist (siehe Kapitel 3.2).

3.1.1 Ausbildungsgründe für Betriebe

Die meisten Ausbildungsplätze befinden sich in den kleineren und mittleren Unternehmen (KMU) bis zu einem Beschäftigtenanteil von 500 Personen (vgl. BMBF, 2006b, S. 291). Zu den Hauptkriterien, warum Unternehmen Ausbildungsplätze anbieten oder nicht, zählen unter anderem die Unternehmens- bzw. Beschäftigungsentwicklung (z.B. Abbau oder Erweiterung der Beschäftigtenzahlen)[10], die strukturelle Veränderung (z.B. Outsourcing ursprünglich ausbildungsrelevanter Tätigkeiten), die Nachfragequote nach betrieblichen Ausbildungsplätzen (z.B. das Angebot an leistungsstarken oder leistungsschwachen Jugendlichen) wie auch die relative Attraktivität einer eigenen Ausbildung (vgl. Walden, 2004, S. 140f.).

Das Ursachengeflecht, warum Betriebe ausbilden oder nicht, kann unter anderem auch eine persönliche Sympathieentscheidung des Betriebsinhabers für oder gegen einen Bewerber beinhalten. Die bisherigen Argumente der Betriebe *pro Ausbildung* hinsichtlich der späteren Übernahmemöglichkeit der im Betrieb Ausgebildeten und der damit verbundenen Vorteile wie die Einsparung der Rekrutierungskosten und Einarbeitungskosten für extern Ausgebildete, der eventuelle Leistungsausgleich, vermiedene Fehlbesetzungskosten, Ersparnis der Fluktuationskosten[11] oder auch eingesparte Aus-

---

[9]Der 2004 geschlossene Nationale Pakt für Ausbildung und Fachkräftenachwuchs hält (vorerst verlängert bis 2010) daran fest, daß jeder ausbildungswillige und ausbildungsfähige Jugendliche ein Ausbildungsplatzangebot erhalten muß (vgl. BMBF, 2007b, S. 3).

[10]Es liegt die Erkenntnis vor, daß bei sinkendem Ertrag weniger Betriebe an der Berufsausbildung teilnehmen, diese aber - gemessen an allen Beschäftigten - mehr Auszubildende ausbilden (vgl. BMBF, 2005b, S. 134). Diese Entwicklung hilft den angespannten Ausbildungsstellenmarkt zu entlasten, könnte aber auch die Gefahr der „Lehrlingszüchterei" mit den entsprechenden Negativauswirkungen in sich bergen.

[11]Bei der derzeitigen Arbeitsmarktlage mit einem 35%igen Anteil an Beschäftigten mit befristetem Arbeitsvertrag unter den 15-20 Jährigen (ohne Auszubildende, Wehrpflichtige und Zivildienstleistende) (vgl. DESTATIS, 2004, S. 42) ist Personalfluktuation vorgezeichnet. Insbesondere ausländische Jugendliche zählen zum Personenkreis mit prekärer Arbeisplatzsituation („Effekt unsteter Beschäftigungskarrieren") (vgl. DESTATIS, 2004, S. 43).

fallkosten, weil die speziell benötigte Fachkraft eventuell nicht sofort anderweitig auf dem Arbeitsmarkt rekrutierbar ist, werden zunehmend obsolet (vgl. Walden, 2004, S. 138 f.). Das existierende berufliche Qualifizierungsinteresse der Jugendlichen wird von den Betrieben immer weniger erfüllt, denn mit dem weiter voranschreitenden Abbau unqualifizierter Arbeitsplätze zugunsten technologisch höher qualifizierter Beschäftigungen (vgl. DIHK, 2006a, S. 7) geht das geringer werdende Interesse der Betriebe an beruflicher Grundbildung einher. Die jugendliche Arbeitskraft wird somit zur Restkategorie.

3.1.2 Ausbildungsabbruch

Im Durchschnitt wird etwa jeder fünfte Ausbildungsvertrag vorzeitig gelöst (2005: 19,9%/ 2004: 21,0%) (vgl. BMBF, 2007b)/ (vgl. BMBF, 2006b, S. 120), wobei etwa drei Viertel der vertragslösenden Jugendlichen in einem Kleinbetrieb bis 49 Beschäftigte ausgebildet wurde (vgl. Granato, 2003, S. 480).[12] Das Auflösungsrisiko variiert stark nach der schulischen Vorbildung, wobei in den 13 Berufen mit der höchsten Auflösungsquote Jugendliche mit und ohne Hauptschulabschluß dominieren (vgl. BMBF, 2006c, S. 93). Jugendliche mit türkischem Migrationshintergrund (mit und ohne Hauptschulabschluß) werden bevorzugt in Branchen und in Betriebsgrößen ausgebildet, in denen erfahrungsgemäß die höchste Auflösungsrate zu finden ist: Im Handwerk und in den Freien Berufen.[13] Als Begründung, was zur Lösung des Ausbildungsvertrages führte, nannten 70% der Auszubildenden „betriebliche Gründe" (unter anderem betriebliche Sphäre, Konflikte mit Ausbildern, schlechte Vermittlung von Ausbildungsinhalten, ungünstige Arbeitszeiten, ausbildungsfremde Tätigkeiten). Beinahe die Hälfte (46%) gab „persönliche Gründe" als Auflösungsgrund an (vgl. BIBB, 2006). Oft werden Ausbildungsplatzangebote angenommen, die mit dem eigentlichen Berufswunsch nicht übereinstimmen. Bei Jugendlichen mit Migrationshintergrund zeigt sich hierbei eine geringere Übereinstimmung als bei Jugendlichen ohne Migrationshintergrund (59,2% zu 69%) (vgl. BMBF, 2007b, S. 47f.). Dies ist im Zusammenhang mit der Höhe des allgemein bildenden Schulabschlusses zu sehen, denn je höher der Bildungsabschluß ist, desto höher sind auch die Realisierungschancen des Berufswunsches.[14]

Für viele Jugendliche mit Migrationshintergrund bedeutet der Verzicht auf den Wunschberuf automatisch die Aufnahme einer un- oder angelernten Tätigkeit, ohne nach einer weiteren Alternative zu suchen. Ebenso stellt ein Ausbildungsabbruch für sie häufig das „Aus" für eine qualifizierte Berufsausbildung dar.[15] Sie tragen das hohe Risiko, auf Dauer ohne Berufsabschluß zu bleiben (vgl. Granato, 2003, S. 480). Unter den jungen Erwachsenen mit Migrationshintergrund ohne berufliche Qualifizierung hatten etwa 37% ursprünglich eine Ausbildung begonnen, diese jedoch wieder abgebrochen (vgl. Granato, 2003, S. 474).

---

[12]Eine niedrige Vertragslösungsrate findet man in Großbetrieben mit sehr guten Sozialleistungen und Übernahmechancen wie auch in Betrieben, die begehrte Berufe anbieten und deshalb ihre Auswahl unter vielen motivierten und qualifizierten jugendlichen Bewerbern treffen können (vgl. BMBF, 2006b, S. 121).

[13]2005 wurden im Handwerk 5,3% Jugendliche mit Migrationshintergrund ausgebildet (vgl. ZDH, 2005) und in den Freien Berufen 7,3% (vgl. DESTATIS, 2006a). 2005 lag der Anteil gelöster Ausbildungsverträge im Handwerk bei 24,3% (2004: 26,2%), in der Hauswirtschaft bei 21,8% (2004: 25,2%) und in den Freien Berufen bei 21,5% (2004: 23,7%) (vgl. BMBF, 2007b)/ (vgl. BMBF, 2006b, S. 120). Die hohe Ausbildungsvertragsauflösungsquote der Jugendlichen mit Migrationshintergrund sollte allerdings eher im Zusammenhang mit der verminderten Chance dieser Jugendlichen, *überhaupt* einen Ausbildungsplatz erhalten zu können, betrachtet werden als unter ethnisch bedingten Vorzeichen.

[14]Realisierung mit Hauptschulabschluß: 63,6%/ mit Realschulabschluß: 66,7% / mit Hochschulreife oder FH-Reife: 82,2% (vgl. BMBF, 2007b, S. 47f.).

[15]Jugendliche mit und ohne Migrationshintergrund, die nach der Vertragslösung ihre betriebliche Berufsausbildung in einem anderen Ausbildungsbetrieb fortsetzen, sind im weiteren Berufsleben hinsichtlich ihres Einkommens und ihrer beruflichen Position häufig erfolgreicher als Jugendliche, die ihre Ausbildung regulär durchlaufen haben (vgl. BMBF, 2006b, S. 121). Der Grund dafür dürfte in der Konsequenz ihrer Entscheidung liegen, eine Ausbildung abzubrechen, die nicht ihren Wünschen oder ihrem Lebensentwurf entspricht. Dieses Verhalten ist bei „postmodernen" Jugendlichen deutlich ausgeprägt und zeugt von deren Zielgerichtetheit.

3.2 Alternativverbleiber

Es wird proklamiert, daß es sich Deutschland als rohstoffarmes Land nicht leisten kann, „daß der hier ausgebildete und dringend benötigte, hochqualifizierte Nachwuchs ins Ausland abwandert" (BLK, 2002). Um die Abwanderung zu vermeiden, muß den Jugendlichen in der BRD jedoch zunächst die Gelegenheit zur beruflichen Qualifizierung ermöglicht werden.[16] Das duale System ist seit Jahren nicht mehr in der Lage, der großen Zahl an Schulabgängern den Wunsch nach einem Ausbildungsplatz zu erfüllen. Besonders Schulabgänger mit Defiziten haben kaum eine Chance zur Integration in eine betriebliche Ausbildung (vgl. BMBF, 2007b, S. 29). Dem starken Einbruch beim Ausbildungsplatzangebot seit den 1990er Jahren stehen kaum Kompensationsmöglichkeiten für die jugendlichen Schulabgänger gegenüber. Jugendliche, die keinen Ausbildungsplatz finden können, weichen deshalb auf Alternativen aus. Der Alternativverbleiberanteil am Anteil jugendlicher Schulabgänger erhöht sich seit Jahren beständig (vgl. BMBF, 2005b, S. 37).

Der Rückgang der Ausbildungsbeteiligung der Jugendlichen mit Migrationshintergrund ist jedoch weder mit dem Anstieg der Einbürgerungen seit den 1990er Jahren noch mit der zunehmenden Studierbereitschaft von Migranten umfassend zu begründen (vgl. Damelang u. Haas, 2006, S. 1). Laut Uhly/Granato läßt sich auch durch die zurückgehende Zahl der 18 Jährigen bis unter 21 Jährigen in der BRD nicht die rückläufige Ausbildungsbeteiligungsquote erklären, da diese Quote sowohl die Zahl der Auszubildenden als auch die Wohnbevölkerung berücksichtigt (vgl. Uhly u. Granato, 2005). Es herrscht eine starke vertikale Verdrängung auf dem Ausbildungsstellenmarkt. Je qualifizierter der Schulabschluß ist, desto höher sind auch die Aussichten auf einen wunschgemäßen Ausbildungsplatz. Jugendliche mit türkischem Migrationshintergrund sind überdurchschnittlich stark an Hauptschulen vertreten. Da in der BRD inzwischen der mittlere Abschluß als Normabschluß gilt, zählt der Hauptschulabschluß als mindere schulische Qualifikation und wird dadurch häufig zum Auslesekriterium unter den Ausbildungsplatzbewerbern. Schulabgänger ohne Abschluß fallen auch als Bewerber ohne Migrationshintergrund beinahe vollständig durch das Selektionsraster der Ausbildungsbetriebe.

Mit dem Rückgang des dualen Systems entwickelte sich bei der Verteilung der Neuzugänge auf die drei Sektoren des beruflichen Ausbildungssystems (duales System, Schulberufssystem, Übergangssystem) zwischen 1995 und 2004 eine deutliche Expansion des Übergangssystems (vgl. BMBF, 2006c, S. 80).[17]

---

[16]Bildungsgänge, die einen qualifizierenden beruflichen Abschluß vermitteln, gibt es im dualen System (Teilzeitberufsschule, außerbetriebliche Ausbildung und kooperatives Berufsgrundbildungsjahr), im Schulberufssystem (vollzeitschulische Ausbildung) und in den Beamtenausbildungen (einfacher und mittlerer Dienst) (vgl. BMBF, 2006c, S. 86).

[17]„Maßnahmen außerschulischer Träger und schulischer Bildungsgänge, sofern sie keinen qualifizierenden Berufsabschluß anbieten, sind dem Übergangssystem zugeordnet. Hierunter fallen auch teilqualifizierende Angebote, die auf eine anschließende Ausbildung als erstes Jahr angerechnet werden können oder Voraussetzung für die Aufnahme einer vollqualifizierenden Ausbildung sind" (BMBF, 2006c, S. 86).

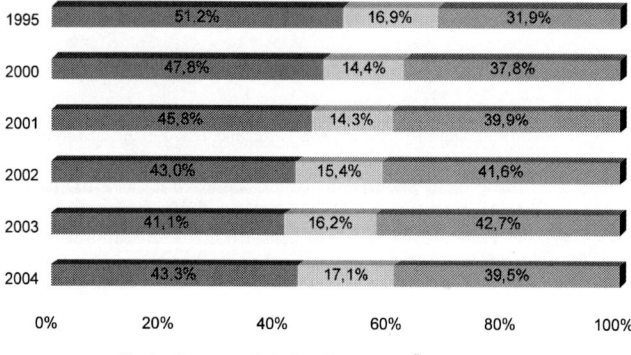

1995	51,2% 16,9% 31,9%	
2000	47,8% 14,4% 37,8%	
2001	45,8% 14,3% 39,9%	
2002	43,0% 15,4% 41,6%	
2003	41,1% 16,2% 42,7%	
2004	43,3% 17,1% 39,5%	

0%   20%   40%   60%   80%   100%

■ Duales System ▨ Schulberufssystem ▨ Übergangssystem

Abbildung 3.2: Verteilung der Neuzugänge auf die drei Sektoren des beruflichen Ausbildungssystems zwischen 1995 und 2004 (in %). (Quelle: BMBF 2006c, S. 80; Eigene Darstellung)

Während das duale System der Berufsausbildung zwischen 1995 und 2004 einen Rückgang der Neuzugänge um ca. 7,9% erlebte, erhöhte sich der Anteil an Neuzugängen im Schulberufssystem um etwa 0,2%. Das Übergangssystem verzeichnete einen Anstieg an Neuzugängen um ca. 7,6% (Abbildung 3.2).[18] Die aufgezeigten Auslesestrukturen und Selbsteliminierungsprozesse führten dazu, daß insbesondere die Beteiligung Jugendlicher mit Migrationshintergrund am dualen System zwischen 1992 und 2004 stark zurück ging. Dafür stieg im Gegenzug in den letzten Jahren der Anteil ausländischer Schüler an beruflichen Schulen an (vgl. BMBF, 2006b, S. 3). 2005 lag der Ausländeranteil bei 9,8% an den allgemein bildenden Schulen und bei 6,9% an den beruflichen Schulen (vgl. DESTATIS, 2007b, S. 55).

SCHULART	PROZENTSATZ
Teilzeit-Berufsschulen (Einschl. Berufsgrundbildungsjahr in kooperativer Form)	5,8%
Berufsvorbereitungsjahr BVJ	17,3%
Berufsgrundbildungsjahr BGJ	11,0%
Berufsaufbauschulen	17,4%
Berufsfachschulen	9,3%
Fachgymnasien	5,1%
Berufsober-/ Techn. Oberschulen	3,9%
Fachschulen	4,1%
Fachakademien	7,1%

Tabelle 3.1: Ausländische Schüler/innen in beruflichen Schulen 2005/06 (Auswahl). (Quelle: DESTATIS, 2006a; Eigene Darstellung)

Ausländische Schüler sind überproportional in Bildungsgängen des „Chancenverbesserungssystems" vertreten, die weder zu einem Abschluß in einem anerkannten Ausbildungsberuf führen

---

[18]Zwischen 1992 und 2004 stieg die Zahl der Schüler im Berufsvorbereitungsjahr (BVJ) um 117%, im vollzeitschulischen Berufsgrundbildungsjahr (BGJ) um 53%, im ersten Schuljahr in Bildungsgängen, die zu *keinem* vollqualifizierenden Abschluß führen, um 77%, in vollqualifizierenden schulischen Bildungsgängen (Berufsfachschulen) um 81% an (vgl. BMBF, 2006b, S. 2 f.).

noch zu den weiterführenden Bildungsgängen des beruflichen Schulwesens gehören (vgl. Tabelle 3.1). Jugendliche ohne Beruf in staatlichen Ausbildungsprogrammen oder in Hilfstätigkeiten haben Probleme, ihren fehlenden beruflichen Erfolg sozial zu legitimieren (siehe Kapitel 2.3). Eine Leistungsgesellschaft wie in der BRD erlaubt kein „Versagen", denn aufgrund des vielfältigen bildungstechnischen Gestaltungsangebotes gibt es theoretisch „keinen Abschluß ohne Anschluß". Es wird zunehmend deutlich, daß die schwierige Situation für Jugendliche ausländischer Herkunft auf dem Ausbildungsstellenmarkt auch nicht durch eine verstärkte Nutzung von Fördermaßnahmen im Rahmen des Benachteiligtenprogramms ausgeglichen werden kann (vgl. Beer-Kern, 2005, S. 21). Die Ausbildenden scheinen Hemmungen und Bedenken zu haben, Ausbildungsplätze an Absolventen des Übergangssystems zu vergeben. Die Teilnahme an diesen Maßnahmen führt offenbar zu einer Verringerung der Erfolgschancen der Jugendlichen auf dem Ausbildungsstellenmarkt.[19] Hierzu ist kritisch anzumerken, daß Schüler, die bereits in der Haupt- oder Förderschule Schwierigkeiten mit dem Lernstoff hatten, nun wiederum in den Fördermaßnahmen hauptsächlich in schulischer Form qualifiziert werden sollen.

Laut Beer-Kern besteht die dringende Notwendigkeit, „qualifizierende Elemente der vorberuflichen Bildung mit den Ausbildungsordnungen so abzustimmen, daß Teile davon auf eine spätere Berufsausbildung anerkannt werden können" (2005, S. 19). Auch soll die Berufsvorbereitung inhaltlich stärker mit der Berufsausbildung verzahnt werden um dadurch „Maßnahmenkarrieren" zu vermeiden (ebd.). Dies entspricht auch einem Vorschlag des Kultusministeriums Baden-Württemberg aus dem Jahre 2003 zur „Berufsausbildung 2010": „Ziel des Konzeptes ist es, an unterschiedlichen Lernorten und zu unterschiedlichen Lernzeiten - in der Berufsausbildungsvorbereitung, im BGJ - erbrachte Lernleistungen untereinander anrechenbar zu machen. Es wird vorgeschlagen, aus den Ausbildungsrahmenplänen und den Rahmenlehrplänen modulare Teilqualifikationen in Bezug auf Kompetenzstufen abzuleiten"[...] „Sowohl Betriebe wie auch Berufsschulen können sowohl Module der Berufspraxis wie der Berufstheorie ausbilden. Module der Berufsausbildungsvorbereitung und vollzeitschulische Ausbildungteile könnten ebenfalls anerkannt werden, sofern sie Modulen der Ausbildung entsprächen" (Euler u. Severing, 2006, S. 129).

Seit der Novellierung des Berufsbildungsgesetztes BBiG (2005) sind die Abschlußprüfungen durch die Kammern auch für Absolventen vollzeitschulischer Berufsbildungsgänge möglich durch §50 (1) BBiG Gleichstellung von Prüfungszeugnissen (vgl. BMBF, 2005c). Diese Neuerung stellt unter anderem den Versuch dar, die Qualifizierung der zunehmenden Anzahl von Schülern an beruflichen Vollzeitschulen der Qualifizierung der Absolventen des dualen Systems formal gleichzusetzen.

Die schwierige Lage auf dem betrieblichen Ausbildungsstellenmarkt wird zusätzlich noch durch Jugendliche früherer Schuljahresabgänge verschärft, die nicht vermittelt werden konnten, sich aber aus Angst vor „verschlossenen Türen des Beschäftigungssystems" (Beck, 2003, S. 237) immer noch um einen betrieblichen Ausbildungsplatz bemühen. Der Anteil Altbewerber an den Ausbildungsplatzbewerbern stieg in den ABL zwischen 1992 und 2004 auf 45,3% und in den NBL zwischen 1997 und 2004 auf 48% (vgl. BIBB, 2006). Unter den Altbewerbern sind Jugendliche mit Migrationshintergrund mit 50% deutlich stärker präsent als deutsche Jugendliche (vgl. Garanato, 2005, S. 2). Es ist davon auszugehen, daß diese Ausbildungsplatzbewerber, bedingt durch ihre von Jahr zu Jahr sich verschlechterenden Ausbildungschancen, nie eine Ausbildung absolvieren werden. Auf dem Arbeitsmarkt zählen die permanent anwachsende Gruppe der Altbewerber hinsichtlich der Arbeitslosigkeit zu einer höchst risikobehafteten Personengruppe. Repräsentative Studien belegen, daß die Erfolgschancen von Altbewerbern im Vergleich zu Bewerbern aus den aktuellen Schulentlaßjahr-

---

[19]2004 betrug der Anteil an Absolventen des BVJ 2,2%, des BGJ 2,7% und der Berufsfachschulen 8,7% an den neu vergebenen Ausbildungsplätzen im dualen System (vgl. BMBF, 2006b, S. 104). Ihr Anteil lag damit deutlich unter dem Anteil der Hauptschüler mit Abschluß (28,8%) (vgl. BMBF, 2006b, S. 104). Die Erfolgsaussichten der Absolventen nach dem BVJ und dem BGJ sind in etwa vergleichbar mit denen eines Schulabgängers ohne Hauptschulabschluß (2,5%) (ebd.).

gängen eher gering ausfallen. Selbst wenn sie aufgrund des Schulabschlusses oder der Schulnoten durchaus konkurrenzfähig wären, nimmt mit zunehmendem Alter offenbar die Übernahmewahrscheinlichkeit ab (vgl. BMBF, 2007b, S. 13). Die besondere Problemgruppe der jugendlichen Altbewerber mit Migrationshintergrund erhält gesonderte Förderung duch die zusätzliche Bereitstellung von 5.000 außerbetrieblichen Ausbildungsplätzen durch die Bundesagentur für Arbeit, wobei diese Fördermaßnahme bei Bedarf entsprechend erweitert wird (vgl. BMAS, 2006).

Eine spürbare Verbesserung der Ausbildungssituation in der BRD wird erst dann zu erwarten sein, wenn sich die Lage auf dem Arbeitsmarkt generell positiver entwickelt, denn wie Ulrich Beck kritisch konstatiert: "In Perioden struktureller Arbeitslosigkeit werden berufliche Vorbereitungsprogramme [...] ebenso notwendig wie unglaubwürdig, da derartige Programme nichts an der Grundsituation des bestehenden Arbeitsmangels ändern können" (Beck, 2003, S. 239). Problematisch ist außerdem die Tatsache, daß sich seit Jahren etwa 40% der Jugendlichen mit ausländischem Pass weder an einer weiterführenden Schule noch in einer beruflichen Ausbildung noch in der Erwerbsarbeit befinden (vgl. Boos-Nünning, 2006, S. 6). Ihre Chance in Armut abzugleiten ist ungleich größer als bei der restlichen Bevölkerung und ihre gesellschaftliche Integration wird in Frage gestellt.

4 Pädagogik des Jugendraums: Das pädagogische Konzept des sozialen Raums

4.1 Der soziale Raum als Netzwerk, Reservoir von Potentialen, Fähigkeiten und Aktivitäten

Sozialräumliches Denken geht davon aus, daß der Einzelne für seine Entscheidungen pro oder kontra einem Sachverhalt Netzwerke wie Cliquen, kulturelle Milieus usw. braucht, die ihn unterstützen, bestätigen und durch die Entfaltung menschlicher Lebensmöglichkeiten zu seiner persönlichen Entwicklung beitragen (vgl. Böhnisch u. Münchmeier, 1993, S. 27). Zu den sozialräumlichen Kompetenzen gehört deshalb vor allem der Aufbau von Netzwerken (vgl. Böhnisch u. Münchmeier, 1993, S. 16). Dabei gilt die peer-group als wichtige soziale Ressource zur Erschließung und Nutzung von Sozialräumen (vgl. Bernart u. Billes-Gerhart, 2004, S. 33).

Die Jugendlichen leben eingebunden in ihren „sozialen Raum" in einem reflektierten Gegenwartsbezug, weg von dem rein auf die ferne Zukunft orientierten Verständnis, hin zu der Auseinandersetzung mit der Zukunft und dem Überdenken alternativer Zukünfte („Plan B"). Denn „erst wenn die Gegenwart vor dem Horizont der Zukunft reflektiert wird, wird deutlich, welche Entscheidungen jetzt getroffen werden müssen" (Böhnisch u. Münchmeier, 1993, S. 26). Gegenwartsbezug bedeutet im Konzept des sozialen Raums, daß das Eigenrecht der Gegenwart eingefordert wird und dieses nicht um den Preis undefinierter Verheißungen in der fernen Zukunft geopfert wird (vgl. Böhnisch u. Münchmeier, 1993, S. 26). Jugend braucht ein Moratorium. In diesem muß der Einzelne lernen, daß er Teil seiner Umwelt ist und sich auch als deren Teil begreift. Raumstrukturelle und regionale Schwerpunkte mit hohem Ausländeranteil führen zu ethnischen Siedlungsschwerpunkten, die für die Migranten vertraute Räume darstellen, in denen ethnienspezifische Einrichtungen wie z.b. Läden von ausländischen Selbständigen gebildet werden. Die Schaffung eines spezifischen innerethnischen sozialen Raumes ist in Deutschland verstärkt in der Turkish Community vorzufinden.

Im Gegensatz zum früheren „Primat der Bildung als integrativem Pol[1]" steht nun nicht mehr die Bildungsidee im Mittelpunkt des biographischen Verlaufs, sondern die Idee der sozialräumlichen Mobilität und der Aufrechterhaltung mehrerer Optionen (vgl. Böhnisch u. Münchmeier, 1993, S. 15). Individualität als „Widerstand gegen Uniformität und Konfektion" wird besonders stark betont (vgl. Böhnisch u. Münchmeier, 1993, S. 17). Dies bedeutet aber auch, daß von den Jugendlichen ihre sozialräumliche Umgebung so gestaltet werden muß, daß jeder die Chance zur Individualisierung hat, aus der heraus er selbst die erforderlichen und/oder gewünschten sozialräumlichen und kollektiven Bezüge schaffen kann (ebd.) Es geht um soziale Netze und soziale Zusammenhänge. Die alten Milieus werden aufgelöst, die Jugendzeit als Schonraum bei der Persönlichkeitsentwicklung wird obsolet, denn durch den Einfluß der Medien entsteht eine neue sozialräumliche Dimension der Persönlichkeitsentwicklung, das Erleben eines Sozialraumes, des „Nebeneinander, des Aufeinander-Bezogenseins, der Gleichzeitigkeit sozialer Phänomene" (Böhnisch u. Münchmeier, 1993, S. 18).

Hier treffen zwischen der Institution Schule und dem außerschulischen Bereich zwei prinzipiell unterschiedliche Orientierungen aufeinander: Die Schule, welche als traditionell zukunftsorientiert gilt, da sie Leistungen in der Gegenwart abfordert, dafür aber eine spätere Gratifikation in Aussicht stellt, und der außerschulische Bereich, welcher als ausgesprochen gegenwartsorientiert wahrgenommen wird. Die Jugendlichen müßen lernen, diesen Gegensatz zu bewältigen („coping") (vgl. Böhnisch u. Münchmeier, 1993, S. 18). Hierbei kann die Turkish Community auf Jugendliche der eigenen Eth-

---

[1]Im Sinne von „Wer sein Bildungsschicksal meistert, dem gelingt auch sein Lebensschicksal"/Anm.U.P.-F.

nie sowohl restriktiv als auch unterstützend Einfluß nehmen.

In der Schule wird suggeriert, daß Leistung zum Erfolg führt. Die individuelle Kraftanstrengung würde durch einen entsprechenden Erfolg in der Schule bzw. später im Beruf und/oder im Studium belohnt werden. Dies entspricht der Ideologie einer Leistungsgesellschaft und müßte als Konsequenz dazu führen, daß jeder, der „genügend" persönliche Leistung zeigt, auch mit Erfolg belohnt wird (vgl. Tillmann, 2003, S. 172 f.). Die Jugendlichen erfahren jedoch gleichzeitig in der Schule - einer Institution, die ihnen Zugang zur Zukunft in ihrer Biographie und in der Gesellschaft vermitteln soll - auch die Brüchigkeit dieser Versprechen. Sie begreifen die Notwendigkeit, sich selbst Chancen zu schaffen, indem sie ihren sozialen Lebensraum ausweiten (vgl. Böhnisch u. Münchmeier, 1993, S. 23).

Als Strategie gegen die Unabwägbarkeiten der Zukunft entwickeln die Jugendlichen Unterstützungsnetzwerke in Form lebensräumlicher Strukturen. Diese dürfen ihren persönlichen Selbständigkeitsbestrebungen nicht im Wege stehen und sie müßen für sie nutzenbringend einsetzbar sein (vgl. Böhnisch u. Münchmeier, 1993, S. 19). Der Widerspruch, sowohl in Abhängigkeit zu sein als auch ein eigenbestimmtes Leben führen zu wollen, wird oft als Unreife gedeutet. Aber eben dieses Herauslösen aus einem begrenzten Lebensraum voller traditioneller Vorgaben und Beschränkungen ist der Weg zur Individualisierung. Jugendliche mit türkischem Migrationshintergrund, die eine berufliche Selbständigkeit als Teil ihrer Selbstverwirklichung sehen, verkörpern diese Form der Individualisierung[2]. Die Jugendlichen müßen an ihrer Selbstgestaltung arbeiten. Dazu gehört auch, das soziale Netzwerk so auszuweiten, daß es für ihre Selbstverwirklichung vorteilhaft ist. Hier ist bei Jugendlichen mit türkischem Migrationshintergrund in erster Linie an den Ausbau des sozialen Netzwerkes durch Deutsche zu denken.

Für viele Jugendliche mit türkischem Migrationshintergrund reihen sich Mißerfolge in der Schule an Chancenlosigkeit bei der Ausbildungsplatzsuche und die damit einhergehende berufliche Perspektivenlosigkeit bis hin zu Diskriminierungserfahrungen. Ein Teil dieser Jugendlichen führt unter anderem deshalb innerhalb der Turkish Community einen stark gegenwartsbezogenen Lebensstil in ethnisch-subkulturellen Gleichaltrigen-Cliquen. Darunter befinden sich vermehrt Schul- und Ausbildungsverweigerer (vgl. Enggruber u. a., 2004, S. 53). In Bezug auf Personen mit Migrationshintergrund entsteht die Frage, ob im Übergang zu multikulturellen Gesellschaften soziale Räume überhaupt noch einheitlich gedacht werden können, da durch die Koexistenz der Kulturen der gesellschaftlich-kulturelle Raum zunehmend multikulturell wird (vgl. Böhnisch u. Münchmeier, 1993, S. 24). Jugendliche mit türkischem Migrationshintergrund erfahren in traditionellen Familien überdies die Gleichzeitigkeit zweier Kulturen und müßen lernen, diese auch in ihren sozialen Lebensraum zu integrieren. Viele Jugendliche mit türkischem Migrationshintergrund fühlen sich der Türkei und Deutschland verbunden. Dies erschwert die Entscheidung zu einer eindeutigen Positionierung und führt bei einem erheblichen Teil dieser Jugendlichen zur Existenz einer „Mehrfachidentität" (vgl. Sauer u. Goldberg, 2006, S. 13).

Da in der heutigen Gesellschaft bei der Lebensbewältigung Flexibilisierung statt institutioneller Festlegung im Vordergrund steht, ist eine „Normalbiographie" kaum mehr möglich. Die Jugendlichen müßen erfahren, daß unter der Prämisse der Individualisierung und Pluralisierung die Identitätserfahrung in den traditionellen Institutionen nur noch eingeschränkt möglich ist (vgl. Böhnisch u. Münchmeier, 1993, S. 16). Aus diesem Grund sind sozialräumliche Kompetenzen zum Aufbau sozialer Netzwerke vorrangig geworden. Dies trifft auch auf Jugendliche mit türkischem Migrationshintergrund der zweiten und der dritten Generation zu. Die Entwicklung eines sozialräumlichen Verständnisses von Individualität ist dabei eine Form der Lebensbewältigung (vgl. Böhnisch u. Münchmeier, 1993, S. 17). Sie verstehen sich hierbei als Teil eines sozialen Netzes, einer Szene bzw.

---

[2]Individualisierung bedeutet im sozialräumlichen Verständnis die Pluralisierung der Biographien „vor einem Horizont der Erreichbarkeit, der immer weniger sozialstaatlich garantiert sondern eher marktgesteuert und damit für die Jugendlichen risikobehaftet ist" (Böhnisch u. Münchmeier, 1993, S. 52).

einer Umgebung, die jeweils immer wieder neu hergestellt werden muß.

Die Orientierung erfolgt dabei immer stärker an sozialräumlichen Kontexten. Hierzu müßen die Jugendlichen die vorhandenen traditionellen Wertmuster für sich neu zuordnen, werten und in abgewandelter Form in ihr Leben integrieren, um zur personalen und sozialen Identität[3] zu kommen, die die bisherigen Sozialisationsinstanzen nicht mehr herstellen (vgl. Böhnisch u. Münchmeier, 1993, S. 52). Diese neue Form der Lebensbewältigung ist auch die Voraussetzung für das Erreichen von Lebenszielen, denn je vielfältiger eigenständige Probleme zu bewältigen sind, desto wichtiger werden die sozialen Räume, welche die Jugendlichen sich selbst aufgebaut haben: Soziale Netzwerke, das Wissen, woher man etwas bekommen kann beziehungsweise wo einem weitergeholfen wird sowie die Reaktivierung von Verwandten und Bekannten (vgl. Böhnisch u. Münchmeier, 1993, S. 53). Sozialräumliches Verhalten fehlt einem Großteil der Jugendlichen mit türkischem Migrationshintergrund, da sie hinsichtlich der Kontakte zu deutschen Gleichaltrigen Defizite in den sozialen Netzwerken haben und ihre Informationsquellen (z.B. bezüglich der in Deutschland üblichen Berufsausbildung) nicht ausreichen. Auch der Rückgriff auf ihre türkischen Verwandte stellt oftmals nur eine geringe Option hinsichtlich der Vermittlung eines Ausbildungsplatzes dar.

Ein Großteil der Jugendlichen lebt heute außerhalb der Schule in der Regel eher gegenwartsorientiert, da sie etwas „vom Leben haben wollen" und weil sie nicht abschätzen können, was später sein wird (vgl. Böhnisch u. Münchmeier, 1993, S. 53). Nichts desto Trotz suchen sie nach einer zukunftsorientierten Perspektive für ihr Leben. Es gibt Anzeichen dafür, daß Jugendliche sich heute in der Entwicklung ihrer Persönlichkeit mehr an Gleichaltrigenszenen, d.h. an gleichaltrigen Personen[4], Medien, Stilen und Kommunikationsformen der Gleichaltrigen orientieren als an ihren Eltern (vgl. Böhnisch u. Münchmeier, 1993, S. 54)/ (vgl. Shell, 2006). Ihre Orientierung ist dabei weniger auf die Gruppe selbst bezogen als auf die sozialräumliche Kategorie der Gleichaltrigenszene (ebd.). In den Gleichaltrigenräumen leben sie ihre Selbständigkeit aus, stellen sich dar und entwickeln ihre Identität. Bei Jugendlichen mit türkischem Migrationshintergrund wird hier der Einfluß der Turkish Community deutlich: Jugendliche mit türkischem Migrationshintergrund orientieren sich stark an gleichaltrigen türkischen Jugendlichen. Dadurch ergibt sich ein verhältnismäßig homogenes Bild ihrer Werte, Normen und Informationen.

Jugendliche mit türkischem Migrationshintergrund verfügen oft über eine gute Einbindung in subkulturelle Gleichaltrigencliquen mit gleicher ethnischer Herkunft (vgl. Enggruber u. a., 2004, S. 58). Durch die bewußte Nutzung des Humankapitals ihrer sozialen Netzwerke können sie ihre Lebensprojekte verwirklichen. Da der Vergleich zu den deutschen Jugendlichen bei einem großen Teil der Jugendlichen mit türkischem Migrationshintergrund defizitär ausfällt, besteht die Gefahr einer verstärkten Diskriminierungsperzeption und eines Benachteiligungsgefühls (vgl. Sen, 2003). Als Folge daraus kann ein Wechsel der Referenzgruppe erfolgen, indem nun die Herkunftsgesellschaft zum Vergleichsmaß wird (ebd.). Unter dieser Perspektive sei an dieser Stelle auf die Gefahren, die insbesondere bei der dritten Generation der Jugendlichen mit türkischem Migrantionshintergrund

---

[3]Als erste Voraussetzung für die Errichtung und Wahrung von Identität muß das Individuum *überhaupt* in der Lage sein, sich Normen gegenüber reflektierend und interpretierend zu verhalten. Dazu gehören *Interaktionskompetenz*: Die Fähigkeit an komplexen, sozialen Systemen kompetent und autonom teilnehmen zu können, *Handlungsfähigkeit*: Die Fähigkeit, Antrieb und Kontrolle so miteinander zu vereinbaren, daß sowohl eine realistische als auch eine selbstbewußte Handlung zustande kommt, *Diskursfähigkeit*: Die Fähigkeit, Ziele, Äußerungen, Gefühle, Meinungen, Handlungen zu begründen, zur Kritik und zur Disposition zu stellen, um sie mit anderen in einer Diskussion abzuwägen, *Moralität*: Die Fähigkeit, den Sinn sozialer Normen zu erfassen und abzuwägen, sowie unabhängig von sozialen Situationen und Zwängen aus eigener Überzeugung an allgemeinen Prinzipien orientiert denken und handeln zu können, sowie *Integrität*: Die Fähigkeit, die „neuen" Identitäten in die „alten" Identitäten zu integrieren und seine Persönlichkeit auf diese Weise weiterzuentwickeln und autonom zu halten (vgl. Krappmann, 1982, S. 234).

[4]Personen „symbolisieren Spielräume, Gelegenheitsstrukturen, Perspektiven, Orientierung" (Böhnisch u. Münchmeier, 1993, S. 56), wobei die sozialräumliche Orientierungslosigkeit und Überbewertung personaler Symbolik einander bedingen (ebd.).

durch Personenkult bei gleichzeitiger Isolation und freiwilligem Rückzug in die innerethnische Gemeinschaft auftreten können, nur verwiesen. Für Personen, die im pädagogischen Rahmen mit Jugendlichen mit türkischen Migrationshintergrund arbeiten, stellt sich die Frage, wie Hilfestellung bzw. Unterstützung geschaffen werden kann, um den betroffenen Jugendlichen die Erweiterung ihrer Handlungsräume zu ermöglichen, so daß aus Furcht vor dem Unbekannten kein „sozialräumlich angepaßtes Verhalten"[5] in Form von Handlungslosigkeit wird (vgl. Böhnisch u. Münchmeier, 1993, S. 69). Auf der Suche nach einem Ausbildungsplatz ist bei der momentanen schwierigen Angebotslage zielorientiertes, aktives Handeln („career managing skills") notwendig. Sozialräumlich angepaßtes Verhalten ist bei Jugendlichen mit türkischem Migrationshintergrund sowohl bezüglich der Informationsbeschaffung bei der Ausbildungsplatzsuche als auch bei Selbständigen mit türkischem Migrationshintergrund hinsichtlich ihrer Beratungsresistenz durch Personen außerhalb ihrer eigenen Ethnie zu beobachten.

Kinder und Jugendliche werden innerfamiliär in eine berufliche Wertvorstellung hineingeprägt, die sie bei der eigenen Berufswahl intuitiv mit berücksichtigen. Die elterliche Arbeits- und Berufserfahrung dient ihnen dabei als Orientierung für die Berufswahlentscheidung (vgl. Königseder, o.J.). Berufe mit Milieudistanz werden deshalb von den Jugendlichen eher selten gewählt. Sie suchen bevorzugt eine Beschäftigung in den vertrauten Wirtschaftsbereichen, in denen bereits ihre Eltern tätig waren (ebd.). Dies entspricht einem sozialräumlich angepaßten Verhalten.

Nach Auffassung von Beate West-Leuer sind Kräfte in uns, die der „Anpassung an Traditionen und Normen gehorchen wollen. Sie sind über Generationen anerzogen, weitergegeben, bestärkt und belohnt worden "(West-Leuer, 2005, S. 228 f.). Auf der anderen Seite stehen die Kräfte, die nach Selbststeuerung und Selbstverantwortung streben, und die Beurteilung, was richtig und falsch, gut und böse ist, selbst übernehmen wollen, samt der Folgen, die daraus entstehen können (ebd.). Insbesondere der Aspekt des Beziehungsgeflechts und die damit einhergehende soziale Beeinflussung innerhalb der Turkish Community mit ihren geltenden Normen und Werten hat für die Absicht, eine kulturfremde Tätigkeit aufzunehmen, wie sie eine Ausbildung im dualen Berufsausbildungssystem darstellt, für Jugendliche mit türkischem Migrationshintergrund große Bedeutung. Der Drang nach früher wirtschaftlicher Selbständigkeit dokumentiert sich zum Teil in der Vielzahl jugendlicher Schulabgänger mit türkischem Migrationshintergrund, die direkt nach Beendigung der allgemeinen Schulpflicht in Deutschland einen Job für Un- und Angelernte ergreifen, ohne vorher nach Alternativen gesucht zu haben.

Segregationstendenzen innerethnischer Kolonien und Separation insbesondere in Ballungszentren führen in der Aufnahmegesellschaft zu Sozialangst, Abwehrhaltungen, zu Unverständnis sowie Intoleranz. Sie hemmen die Integration der ethnischen Gruppierungen in die deutsche Gesellschaft, wobei Segregation als Ausdruck sozialräumlicher Distanz gilt. Die Gefahr, daß sich in Stadtteilen mit besonders hohem Migrantenanteil eine von der deutschen Mehrheitsgesellschaft wegführende Entwicklung herausbildet, ist dadurch verstärkt gegeben. Langfristig gesehen besteht die Gefahr der Entstehung einer „Parallelgesellschaft" zur deutschen Gesellschaft, in der die Jugendlichen mit Migrationshintergrund voller Resentiments gegen eine Gesellschaft sind, die sie ihres Erachtens zurückweist. Für die heranwachsende deutsche und ausländische Generation in der BRD ist das gemeinsame Aufwachsen in einer kulturell vielseitigen Gesellschaft Alltagserfahrung. Rückbesinnungstendenzen der zweiten und verstärkt der dritten Generation türkischer Migranten auf traditionelle Verhaltensmuster aus der Ursprungsheimat Türkei können jedoch den Integrationsbemühungen in die deutsche Mehrheitsgesellschaft entgegenwirken.

---

[5]„Wo die Spannung von Bekanntem und Unbekanntem im sozialräumlichen Jugendverhalten nicht zum Zuge kommen kann, sprechen wir von einem sozialräumlich angepaßten Verhalten. Gelernt wird nur unter dem Rückgriff auf das Bekannte, auf die sozialräumlichen Vorgaben, die akzeptiert, ja internalisiert werden: Das Vorfindbare ist das Richtige, das Unbekannte ist das Störende und Bedrohliche" (Böhnisch u. Münchmeier, 1993, S. 69).

4.2 Die Familie als primäre Sozialisationsinstanz und soziale Ressource

Nach Erkenntnissen von Rainer Geißler stellt die große Minderheit der Türken in der BRD „eine besondere Problemgruppe" und eine „äußerlich auffällige Minderheit" dar (1992, S. 161 f.). Die materiellen Bildungsressourcen in türkischen Familie sind oft geringer als in deutschen Familien, sie verfügen im Durchschnitt über ein geringeres Haushaltseinkommen, haben mehr Kinder und leben mit mehr Personen in einem Haushalt (vgl. Enggruber u. a., 2004, S. 53). Personen mit türkischem Migrationshintergrund erleben verstärkt den Kulturkonflikt zwischen der deutschen Kultur und ihrer Heimatkultur, die durch den Islam und zum Teil auch durch agrarische und patriarchalische Sozialstrukturen geprägt ist (ebd.). Ihre deutsche Sprachkompetenz ist überdurchschnittlich schlecht und ihre Isolationstendenzen sind hoch (vgl. Geißler, 1992, S. 161 f.). Dabei sind sie stärker von Arbeitslosigkeit bedroht, arbeiten hauptsächlich in den Produktionssektoren mit entsprechend starkem Arbeitsplatzabbau und verdienen weniger als vergleichbare deutsche Arbeitnehmer. Der Anteil an Personen unter ihnen, die auf staatlich finanzierte Unterstützung angewiesen sind, hat stark zugenommen (vgl. Geißler, 1992, S. 157 f.). Zudem sind sie einer zum Teil in der deutschen Bevölkerung anzutreffenden Ablehnung ausgesetzt (ebd.). Zuwanderer gehören laut dem Sachverständigenrat für Zuwanderung und Integration oft den unteren Sozialmilieus an, wobei es Konzentrationen in bestimmten Vierteln städtischer Ballungsräume gibt, z.B. türkische Migranten in Berlin-Kreuzberg. Diese Viertel zeichnen sich jedoch zumeist durch ethnische Vielfalt aus und sind ein generelles Problem der Entstehung urbaner Randzonen in Zeiten hoher Arbeitslosigkeit und Einkommensarmut (vgl. BAMF, 2004, S. 99).

Die soziale Herkunft der Jugendlichen wird für die Eingliederung in das Erwerbsleben als bedeutend erachtet, da sie den Schulabschluß der Jugendlichen bereits durch die Wahl der Schulform, durch ihre familiäre Unterstützungsleistung während der Schulzeit sowie den generellen Stellenwert von Bildung und Ausbildung im sozialen Umfeld beeinflußt. Die Startchancen der Kinder für ihre Bildungskarriere sind laut Anger/Plünnecke/Seyda stark von ihrem Elternhaus abhängig (vgl. Anger u. a., 2007, S. 42), denn der Wert einer bestmöglichen Qualifizierung im Bildungssystem wird den Kindern durch die Vorbildfunktion ihrer Eltern vorgelebt. Vor allem aber ist die Unterstützung ihrer Bildungsaspiration die der Eltern erforderlich.

Für Jugendliche aus einer bildungsfernen türkischen Familie ist ein höherer Schulabschluß nicht selbstverständlich. Ihnen fehlt oft die Unterstützung durch ihre Familie sowie die Anerkennung von Bildung als erstrebenswerte Größe für das Leben und für das Berufsleben. Für diese Jugendlichen ist höhere Bildung deshalb nur schwer umsetzbar und sie geraten in Konkurrenz zu Mitbewerbern mit höheren Bildungsabschlüssen bei der Bewerbung um einen Ausbildungsplatz ins Hintertreffen. Für Faruk Sen ist der Rückgang der Schülerzahlen ausländischer Jugendlicher ein Zeichen dafür, daß die Familien und Jugendlichen weniger Wert auf höhere Schulbildung legen (vgl. 2002). Dabei sei bei türkischen Eltern durchaus der Wunsch vorhanden, die eigenen Kinder in der Schule und im Berufsleben erfolgreich zu sehen, sie hegten jedoch die Befürchtung, daß sich ihnen ihre Kinder durch den großen Einfluß der deutschen Bildungseinrichtungen kulturell entfremden könnten (vgl. Sen, 2002). Nach Auffassung von Sen verfällt im Laufe der Migration in der zweiten und dritten Zuwanderergeneration der Wert, der im muslimischen Kulturkreis der Bildung traditionell beigemessen wird, angesichts der Verlockungen des schnellen Geldes, das man auch mittels ungelernter Tätigkeit verdienen kann (ebd.). Dabei können die starken Schwierigkeiten der türkischen Jugendlichen, auf dem deutschen Arbeitsmarkt Fuß zu fassen, selbst dann diese Entwicklung verstärken, wenn sie eine höhere schulische oder beruflicher Qualifizierung aufweisen.

Eltern, für die Bildung keinen höheren Wert darstellt, nehmen oft lediglich passiv die Bemühungen ihrer Kinder wahr. Sie zeigen wenig Engagement oder Interesse, fördern deren Bildungsbestrebungen nicht, eventuell stellen sie sich wahrgenommenen Bildungsaspirationen ihrer Kinder auch entgegen. Aufgrund der oftmals prekären wirtschaftlichen Lage türkischer Familien herrscht vermutlich ein eher instrumenteller Bezug zur Arbeit und damit zur Berufsausbildung an sich vor. Diese mögliche

Sichtweise der Eltern stellt ein wichtiges Kriterium bei der Entscheidung „pro Berufsausbildung" der Jugendlichen dar, da das familiale Umfeld nachweislich Einfluß auf die Leistungsbereitschaft der Kinder ausübt (vgl. Merkens, 1996, S. 115). Eltern sind zumeist die ersten Ansprech- und Orientierungspartner für Jugendliche auf ihrem Weg in die Erwerbstätigkeit. Ein wichtiger Faktor hinsichtlich der elterlichen Position *pro* oder *contra* Berufsausbildung der betroffenen Jugendlichen kann in der Tatsache gesehen werden, daß ein Großteil der Erwerbstätigen und Arbeitslosen mit türkischem Migrationshintergrund selbst an- und ungelernte Arbeiter sind. Die Einsicht zur Notwendigkeit einer qualifizierten Berufsausbildung ihrer Nachkommen dürfte unter anderem davon beeinflußt werden, wie sie die Erwerbstätigkeit als un- oder angelernte Arbeitskraft jeweils selbst erleben.

Die Familiengröße, die innerfamiliale hierarchische Struktur, die alltägliche Lebensweise und der Erziehungsstil, den türkische Kinder und Jugendliche innerhalb ihrer Familie erfahren, hängt in hohem Maße davon ab, wie die Familie in der türkischen Heimat vor der Migration lebte (vgl. Sen u. Goldberg, 1994, S. 54). Bedeutsam ist hierbei, ob die Familie aus einer ländlichen Region wie Ostanatolien, mit einer traditionellen Orientierung und einem klar definierten Platz für Mann und Frau, stammt, oder aus städtischen Verhältnissen mit einem eher gleichsetzenden Verhältnis zwischen den Geschlechtern (ebd.).[6] In einer Umwelt, in der in zentralen Bereichen weitgehend andere Wertvorstellungen gelten als die, welche den Kindern und Jugendlichen bekannt sind, spielt die Familie eine entscheidende Rolle (vgl. Boos-Nünning, 1996, S. 91). Türkische Jugendliche erfahren eine kulturell bedingte starke Einbindung in familiäre Strukturen, dabei vermittelt die Familie den Jugendlichen Stabilität, Rückhalt, Schutz und Sicherheit. Laut Bernhard Nauck antizipieren und internalisieren diese Kinder und Jugendlichen die elterlichen Erwartungen in hohem Maße und zeigen eine starke Bereitschaft, die von ihnen erwartete Solidarleistung zu erbringen (vgl. Nauck, 2007, S. 24). Aus diesem Grund können auch pädagogische Maßnahmen und Hilfestellungen nur *mit* und nicht *gegen* die Familie erreicht werden.

Die Immigrationsbiographie der Eltern stellt auch noch für die nachfolgenden Zuwanderergenerationen eine wichtige Größe dar. Die Wirkungsweise wird dabei eher indirekt, über andere Mechanismen, an die Kinder vermittelt, z.B. über die Sprachkompetenz oder das erreichte Bildungsniveau der Eltern (vgl. Kristen, 2003). Daraus ergeben sich Vor- wie auch Nachteile hinsichtlich der Förderung und der Unterstützung einer erfolgreichen, qualitativ hochwertigen Bildungskarriere der Kinder. Es hat sich herausgestellt daß besonders die gelungene Integration bei Kindern unter zehn Jahren signifikant bessere Chancen auf eine gleichberechtigte Bildungsbeteiligung eröffnet (vgl. BMBF, 2006c, S. 149).

Insbesondere die überlieferten Normen und Werte der Familie werden von dieser Ausgangslage beeinflußt.[7] Die zur deutschen Gesellschaft im Gegensatz stehende türkisch-ländlich-traditionelle Erziehung stellt für türkische Familien in der BRD ein Problem dar. Oberstes Prinzip einer solchen Erziehung ist der strikte Gehorsam gegenüber den Eltern und vor allem gegenüber dem Vater als Oberhaupt der Familie. Männliche Familienmitglieder haben in der familieninternen Hierachie Vorrang, ebenso die Älteren vor den Jüngeren (vgl. Sen u. Goldberg, 1994, S. 55). Das Ausmaß der innerfamilialen Probleme in vielen türkischen Familien übersteigt laut Angelika Königseder/Birgit Schulze den üblichen Generationenkonflikt. Auf die Problemlage hinsichtlich intergenerationaler

---

[6]Die ersten türkischen Arbeitsmigranten kamen nach 1961 zum größten Teil nicht ursprünglich aus den Großstädten, deren Bevölkerung sich seit den Reformen der 1920er Jahre weitgehend westlich orientierte. Sie stammten aus dem ländlich geprägten Anatolien, in dem die Jahrhunderte alten Traditionen ihre Gültigkeit behalten hatten (vgl. Königseder u. Schulze, oJ).

[7]Der Nutzung externer Beratungseinrichtungen haftet beispielsweise das Stigma an, als Eltern zu versagen und die eigenen Kinder und das Leben nicht mehr im Griff zu haben. Aus dieser Hemmung heraus ergibt sich die Auffassung, Probleme und Schwierigkeiten selbst lösen zu müßen und dies auch zu können (vgl. Sauer u. Goldberg, 2006, S. 19).

Transmission von Gewalt in Familien türkischer Herkunft sei an dieser Stelle lediglich verwiesen.

Nach Heinrich Reinders kann von der Familie als „Vermittlerin kultureller Curricula" gesprochen werden, wobei insbesondere die Eltern als „Transmitter gesellschaftlicher Werte" (2003, S. 79) gelten. Als primäre Sozialisationsinstanz übernehmen Eltern durch die Selektion und Transmission von Werten die Funktion eines Filters, der nur ausgewählte Anteile der außerfamilialen Umwelt in die Innenwelt gelangen läßt. So dient die Familie der Enkulturation der Familienmitglieder. Von der Familie hängt „die moralische und emotionale Orientierung sowie die Lern- und Leistungsbereitschaft ab. Die familiale Sozialisation prägt die Arbeitsmotivation, Vertrauensbereitschaft, Fleiß, Neugier und Experimentierfreude, Ausdauer, Sprachkompetenz [...] zusammenfassend formuliert: die extra-funktionalen Fähigkeiten" (Nave-Herz, 2004, S. 91). Für Kinder und Jugendliche ist dabei vor allem die wahrgenommene Unterstützung durch die Familie wichtig: Während elterliche Strenge bei Kindern eher Verhaltenskonformität und Orientierung an Verboten fördert, zeigt sich bei Kindern, die einen unterstützenden Erziehungsstil der Eltern erfahren, ein stärkerer Optimismus sowie eine deutlich höhere schulische Leistungsbereitschaft (vgl. Reinders, 2003, S. 80). In türkischen Familien herrscht in vielen Fällen ein restriktiver Erziehungsstil. Selbst wenn die Jugendlichen die elterliche Erziehung als streng erleben, akzeptieren sie trotzdem die in der Familie geltenden Normen und Werte und sind darauf bedacht, daß ihre Familie im Rahmen der sozialen Kontrolle durch andere Personen der Turkish Community nicht negativ auffällt (vgl. Enggruber u. a., 2004, S. 53).

Das Kind erlebt in der Familie die elterlichen Erwartungsstrukturen, die sich bereits bei den schulischen Leistungen zeigen. Diejenigen türkische Eltern, die lediglich die verhältnismäßig kurze Mindestschulpflicht in der Türkei erfüllten[8] und damit nach deutschem Standard einen eher niederen Bildungshintergrund aufweisen, sehen vermutlich nicht immer eine Veranlassung, ihre Kinder länger als es die gesetzliche Schulpflichtregelung vorschreibt im deutschen Bildungssystem zu belassen. Auch die traditionell in den Köpfen der deutschen Gesellschaft verankerte hohe Wertigkeit eines qualifizierten beruflichen Abschlusses dürfte für einen Teil der Migranten aus der Türkei schwer nachvollziehbar sein. Berufliche Selbständigkeit sowie berufliche Unabhängigkeit hat dagegen einen wesentlich höheren Stellenwert als dies bei Deutschen der Fall ist.

Wird die Familie als „Ressource" betrachtet, so dient sie auch als Geldgeber und Mitarbeiter für die geplante Existenzgründung. Selbständigkeitsaspiranten mit türkischem Migrationshintergrund greifen deutlich öfter als Deutsche auf ihre Familie und die Verwandtschaft als Kapitalgeber zurück (vgl. Leicht, 2005a, S. 23). Zusätzlich zu der pekuniären Unterstützungsleistung der Familie zur Realisierung der Selbständigkeitswünsche des Familienmitgliedes wird die Option der Nutzung von Familienmitgliedern als flexibel einsetzbare, unentgeltlich mithelfende Familienangehörige oft von vorneherein in das Selbständigkeitsvorhaben mit eingeplant.[9] Deutsche Selbständige, die den elterlichen Betrieb übernommen haben, können durchaus mit der entsprechenden familialen Unterstützung rechnen; bei deutschen Neugründern ist die Unterstützungsleistung von Eltern und Geschwistern dagegen nur halb so ausgeprägt, wie sich dies bei Gründern mit türkischem Migrationshintergrund darstellt (vgl. Leicht, 2005a, S. 23).

---

[8]In der Türkei galt bis 1981 eine Pflichtschulzeit von fünf Jahren in der Grundschule (ilk okul). Ab 1981 wurde die Mindestschulpflicht um drei Jahre Mittelschule (orta okul) auf insgesamt acht Jahre verlängert (vgl. BFF, 2000, S. 5).

[9]Zwischen 1957 bis Ende der 1980er Jahre war der Anteil Selbständiger in der BRD einschließlich mithelfender Familienangehöriger an den Erwerbstätigen gravierend zurückgegangen (vgl. DESTATIS, 2006b, S. 93). Der Rückgang wird im Zusammenhang mit dem Rückgang der landwirtschaftlichen Betriebe gesehen. Seit Anfang der 1990er Jahre ist insbesondere durch die Zahl der Selbständigen ohne abhängig Beschäftigte wieder ein Anwachsen dieser Erwerbstätigengruppe festzustellen. Seit Anfang der 1990er Jahre hat sich die Zahl der unentgeltlich mithelfenden Familienangehörigen in Betrieben von Selbständigen mit Migrationshintergrund im Gastgewerbe und Handel bis heute in etwa verdoppelt (vgl. Leicht, 2005a, S. 15).

4.3 Der „postmoderne" Jugendliche mit türkischem Migrationshintergrund zwischen zwei Kulturen

Die meisten der derzeit in der BRD lebenden Kinder und Jugendlichen mit türkischem Migrationshintergrund erleben von Geburt an die Werte, Normen und Erziehungsstile der sie umgebenden bundesdeutschen Gesellschaft in Kindergarten, Schule und in Freizeiteinrichtungen.[10] Dabei spielt für die Wertorientierung der Migrantinnen und Migranten die Wahrnehmung der eigenen Lebenssituation sowie die Erwartungen, die man an die Gesellschaft stellt, eine bedeutende Rolle (vgl. Sauer u. Goldberg, 2006, S. 4). Viele kennen das Herkunftsland der Eltern und Großeltern lediglich aus dem Urlaub, aus den Medien oder aus Erzählungen (vgl. Granato, 2001). Da ein Großteil der Nachfahren ehemaliger türkischer „Gastarbeiter" in der zweiten und dritten Generation in der BRD lebt, ist ein Vergleich ihres Assimilationsverhaltens mit dem Generationen-Sequenzenmodell aufschlußreich. H.G.Duncan beschreibt das Verhalten von Migranten im Einwanderungsland im Generationenablauf:

- Erste Generation: Die Mehrheit der Einwanderer passt sich lediglich im wirtschaftlichen und sozialen Bereich dem Aufnahmeland an. Sie versuchen durch ethnische Gruppen- und Institutionenbildungen ihre Herkunft zu bewahren, um psychische Sicherheit und Geborgenheit zu haben. Die heimatlichen Verhältnisse stellen weiterhin „das Maß der Dinge" dar.

- Zweite Generation: Sie versucht, in den Familien die Herkunftskultur der Eltern zu bewahren. In Schule und Beruf eignen sie sich zunehmend die Kultur des Aufnahmelandes an, was zu einem Leben in zwei Kulturen mit gemischten Wertestandards führen kann.

- Dritte Generation: Sie gibt die Herkunftskultur der Eltern auf und assimiliert sich in die „core culture". Interethnische Mischehen werden respektiert und gelten als normal (vgl. Han, 2000, S. 42).

Aus Sicht der türkischen Arbeitsmigranten der ersten Generation war aufgrund ihrer Rückkehrabsicht in ihr Heimatland eine Integration in die deutsche Gesellschaft weder erwünscht noch nötig. Sie waren sich bewußt, daß sie auf eine zeitlich begrenzte Dauer in Deutschland als Fremde leben würden. Dies könnte die ausgeprägte Segregationstendenz dieser Arbeitsmigranten erklären (vgl. Sen, 2003). Noch dominiert innerhalb der Turkish Community die Vorstellungswelt der ersten Einwanderergeneration, deren Vergleichsmaßstab ihre Landsleute in der Türkei darstellen. Während sich für die erste Generation die Frage nach der kulturellen Identität schon aufgrund der beabsichtigten Rückkehr in die Türkei nicht stellte, stellt sich die Frage nach der kulturellen Identität für die zweite und die dritte Generation anders dar: Die Aufnahmegesellschaft erwartet Integration und Assimilation, während türkische Migranten Forderungen nach möglichst weitgehender Gleichberechtigung und Chancengleichheit erheben (vgl. Sauer u. Goldberg, 2006, S. 5).

Jugendliche mit türkischem Migrationshintergrund der zweiten Generation haben ganz oder teilweise das deutsche Bildungssystem durchlaufen und wurden früher als ihre Eltern mit der deutschen Sprache und den Werten und Normen der deutschen Gesellschaft konfrontiert. Dazu zählt insbesondere die Erwerbstätigkeit in Form der Berufsausübung nach vorangegangener Berufsausbildung, hier hauptsächlich im dualen System. Dieses Normverhalten wurde ihnen von den Menschen innerhalb der deutschen Wohnumgebung vorgelebt, die Medien und der Schulstoff beziehen sich darauf und die soziale Identität der Deutschen definiert sich zu einem Großteil über die Berufsbezeichnung als soziale Information.

Jugendliche mit Migrationshintergrund der zweiten und dritten Generation sind deutlich geringer mit ihrer Herkunftskultur verwurzelt als die ehemaligen „Gastarbeiter", allerdings übernehmen sie

---

[10]Nur jeder Siebte mit türkischem Migrationshintergrund wurde im Ausland, dagegen 87% in Deutschland geboren (vgl. BMBF, 2006c, S. 144).

die Werte und Normen, die über die Familie tradiert werden (vgl. Sen, 2003). Gleichzeitig erleben sie die über die Bildungsgänge vermittelten Werte und Normen der Aufnahmegesellschaft. Ein Teil der Jugendlichen entwickelt eine deutsch-türkische Identität (vgl. Bernart u. Billes-Gerhart, 2004, S. 18). Das Leben zwischen zwei Kulturen kann bei vielen Migranten der zweiten und dritten Generation zu gravierenden Identitätskrisen und zum Verlust der kulturellen Orientierung führen, da sie ihren sozialen Status durch Nicht-Zugehörigkeit sowohl im Herkunftsland Türkei als auch in der deutschen Mehrheitsgesellschaft erleben (vgl. Sen, 2003).

Laut Bernart/Billes-Gerhart weisen Angehörige der zweiten Generation im Allgemeinen ein höheres Assimilationsniveau auf, als die der ersten Generation oder die der dritten Generation, da letztere ein sogenanntes „ethnic revival" (Reethnisierung im Sinne von Rückbesinnung auf die kulturellen Traditionen des Herkunftslandes) zeigt (vgl. 2004, S. 11).[11] Während einer Sitzung des Lenkungsausschusses der Partner des Ausbildungspaktes am 16.10.2006 wurde bestätigt, daß die Annahme, die schulische und berufliche Integration Jugendlicher mit Migrationshintergrund werde sich mit steigender Aufenthaltsdauer von selbst lösen, durch die Realität widerlegt wird (vgl. BMAS, 2006). Auch in der dritten Generation geraten noch viele türkische Jugendliche bei der Realisierung ihrer Lebensvorstellungen in Konflikt mit den oft völlig andersartigen Wertvorstellungen ihrer Eltern. Die Gratwanderung zwischen diesen beiden Welten ist ein belastender Zustand, aber selbst die Aufgabe der traditionellen Werte der Familie führt noch nicht zur Integration[12] in die deutsche Aufnahmegesellschaft. Jugendliche mit türkischem Migrationshintergrund sind häufig mit Orientierungslosigkeit und einer neuen Entfremdung konfrontiert. Durch das Entwurzelungserlebnis sind sie auf der Suche nach einer eigenen Identität zwischen den Kulturen. Oft stehen die Jugendlichen mit türkischem Migrationshintergrund in einem Loyalitätskonflikt mit ihren traditionalistischen Eltern, was sich in Form schwerwiegender Generationenkonflikte äußern kann (vgl. Enggruber u. a., 2004, S. 53). Insgesamt ist ihr Jugendlichendasein eher geprägt von geringerem Kompetenz- und Autonomieerleben.[13]

Hinsichtlich ihres Verhältnisses zu ihren Eltern herrscht eine zu den deutschen Jugendlichen vergleichbare Situation: Einerseits sind die Jugendlichen finanziell noch von ihren Eltern abhängig, andererseits sind sie aber soziokulturell selbständig (vgl. Böhnisch u. Münchmeier, 1993, S. 19). Hier dokumentiert sich die erwähnte „Gleichzeitigkeit", denn laut Böhnisch/Münchmeier halten sie sich die „Option Elternhaus" offen. So haben sie eine legitime Möglichkeit, sich weiter an die Eltern zu binden, ohne daß ihnen die Selbständigkeit abgesprochen wird (ebd.). In türkischen Familien treffen hier oftmals grundlegende hierarchische Einstellungen aufeinander, denn die Anerkennung von Selbständigkeit setzt voraus, daß existentielle Lebensentscheidungen nicht alleine von patri-

---

[11]Nach Erkenntnissen von Bernhard Nauck zeigen Befunde zu männlichen türkischen Jugendlichen, daß sich diese Gruppe u.a. in Bezug auf Sprachbewahrung deutlich anders verhält als die übrigen Angehörigen der zweiten Zuwanderergeneration. Bei ihnen ist vermehrt das Phänomen der „ethnic retention" zu erkennen: Sie antizipieren höhere Erwartungen seitens der Eltern an sich, als sie von ihren Eltern selbst geäußert werden. Sie haben stärkere normative Geschlechtsrollenorientierungen und stärkere externale Kontrollüberzeugungen an ihre Väter. Diese Einstellung führt bei den männlichen Jugendlichen mit türkischem Migrationshintergrund zu normativen Konflikten innerhalb der Familie und in der Aufnahmegesellschaft. Daraus resultierend fühlen sie sich häufiger als andere Migrantenjugendliche diskriminiert und in Folge sinkt ihre Bereitschaft zur Anpassung an die deutsche Gesellschaft (vgl. Nauck, 2007, S. 25). Laut Klaus J. Bade gelten Rückzug, Selbsteliminierung und Reethnisierung als Echoeffekte auf Diskriminierung und tatsächliche oder lediglich so empfundenen Mangel an Akzeptanz in der Mehrheitsgesellschaft (vgl. Bade, 2007, S. 34).

[12]„Von erfolgreicher Integration kann dann gesprochen werden, wenn eine andere Kultur nicht im Widerspruch zu den gesellschaftlichen, sozialen und wirtschaftlichen Teilhabechancen steht" (vgl. Sauer u. Goldberg, 2006, S. 4).

[13]Nach Michael Bommes müßen Migranten meist zuerst die Verkehrssprache - insbesondere die Schriftsprache - des Zuwanderlandes lernen, ihr bisher erlerntes Wissen und Können, ihre Wertvorstellungen und normative Erwartungen an den Anforderungen der Aufnahmegesellschaft neu orientieren und Kontakt zu Organisationen, Institutionen und Personen aufnehmen, die für den Zugang zu den neuen Lebensbereichen relevant sind. Dabei können die mitgebrachten Ressourcen Vorteile aber auch als Barrieren der Integration beinhalten (vgl. Bommes, 2007, S. 4).

archalischer Seite aufoktriniert werden können. Dies kontrastiert jedoch zum Vaterverständnis in türkischen Familien. Wie bei einem Großteil der deutschen Jugendlichen steht klar die Abgrenzung zur älteren Generation und deren Vorstellungen im Vordergrund (Reinders, 2003, S. 62). Für die in Deutschland geborenen und aufgewachsenen Jugendlichen mit türkischem Migrationshintergrund eröffnet sich hier ein erneuter Konfliktherd, denn die oft starke Orientierung an den Familienwünschen steht konträr zu der in Deutschland vorgelebten Individualisierung der Jugendlichen. Diese wünschen und achten laut der 15. Shell-Jugendstudie (2006) zwar sehr wohl familiäre Bindungen, gestalten jedoch ihre persönliche Lebensplanung davon weitgehend unabhängig (vgl. Shell, 2006).[14] Es gibt ein eindeutiges „Ja" zur Familie, aber ein noch stärkeres „Ja" zu sich selbst.

Im Zuge der Individualisierung sind Jugendliche heute hohen Leistungsanforderungen und gleichzeitig erhöhten Lebensrisiken ausgesetzt. So verlangt der „aktivierende Wohlfahrtsstaat" dem Einzelnen mehr Eigenverantwortung ab; er setzt im Gegensatz zum „fürsorgenden Wohlfahrtsstaat" nicht mehr auf materielle Gleichheit sondern auf Chancengleichheit mit der einhergehenden Akzeptanz materieller Ungleichheit (vgl. Bommes, 2007, S. 5). Schulisches oder berufliches Versagen sowie Schwächen wie „mangelnde Ausbildungsreife" können Lebensperspektiven zerstören. „Von der Arbeit selbst erhoffen sich die Jugendlichen heute in stärkerem Maße als früher auch nicht-materielle Effekte wie z.b. die Möglichkeit weiter zu lernen, die Persönlichkeit zu entwickeln, etwas Sinnvolles zu tun" (Clement, 2003, S. 199). Ausschließlich „mitgängiges Lernen" während und durch den Arbeitsprozess ist ein überkommenes Modell, das Jugendliche, geprägt durch das heute in der Schule vermittelte „universalistische Wertemuster", in dieser Form nicht mehr übernehmen möchten. Die Anpassung an die heutigen Unsicherheiten und Gegebenheiten in Wirtschaft und Gesellschaft verlangt flexible, positive, risikobereite und leistungsfähige Menschen (vgl. Funk, 2005, S. 61). Diesem Bild entsprechen die „postmodernen Menschen". Die Art des „postmodernen Menschen" zu leben wird von Rainer Funk als „provozierende Selbstsetzung" beschrieben, deren Ich-Orientierung nicht um die egoistische Sicherung des eigenen Vorteils geht, sondern um die „freie, spontane Selbsterzeugung von Wirklichkeit" (2005, S. 60). Sie stellt scheinbar eine sinnvolle Reaktion der Menschen auf das Wegbrechen aller stützenden Strukturen und Wertorientierungen in Wirtschaft und Gesellschaft dar (vgl. Funk, 2005, S. 61). Der „postmoderne" Mensch lebt mit dem Wissen um die Risiken in Schule, Ausbildung und Beruf und kompensiert sie durch erhöhte Leistungsbereitschaft und bewußtes Wahrnehmen seiner sozialen Umwelt als Chancen- oder Risikenträger (ebd.). Dabei entwickelt er eine Form von Sozialgefühl und Gemeinsinn, was sich wiederum in einem neuen Wir-Gefühl niederschlägt.

Zu den typischen Persönlichkeitszügen der aktiven „postmodernen" Persönlichkeit gehört außer der ausgeprägten Kontaktfreude auch die Lust am „Machen". Das bei vielen Selbständigen beobachtete Merkmal der hohen intrinsischen Motivation ist ein ausgeprägter Persönlichkeitszug des „postmodernen" Menschen, d.h. er möchte sich mit seiner Arbeit selbst verwirklichen und geht deshalb oft „in einem totalen, lustbesetzten Arbeitseinsatz auf" (Funk, 2005, S. 61). Sein ausgeprägt positives Denken schafft mentale Freiräume, dabei läßt er sich nicht durch eine Orientierung an Traditionen eingrenzen (ebd.).

Die beobachtete kontinuierliche Annäherung des Einkommens der beruflich ausgebildeten Erwerbstätigen an jenes der an- und ungelernten Beschäftigten, veranlaßt möglicherweise einen Teil der noch vor der Berufswahl stehenden Jugendlichen mit türkischem Migrationshintergrund, generell keine Berufsausbildung anzustreben. Auch die relativ niedrige Ausbildungsvergütung oder die ungewissen Beschäftigungsperspektiven und Chancen nach der Ausbildung („Zweite Schwelle") mag hier für die Entscheidung gegen lange Bildungswege oder eine qualifizierte Berufsausbildung

---

[14]„Weiter im Trend liegen bei beiden Geschlechtern soziale Nahorientierungen wie Freundschaft und Familie, begleitet von einem erhöhten Streben nach persönlicher Unabhängigkeit. Unabhängigkeit gehört zu einem Komplex von jugendlichen Werten, die auf die Entwicklung eigener Individualität gerichtet sind" (vgl. Shell, 2006).

prägend sein. Für den „postmodernen" Menschen zählt die Gegenwart, das Hier und Jetzt. Ein Teil der Jugendlichen reagiert auf die unsichere Zukunft, indem sie sich unter anderem Bildungsoptionen offen lassen und erst spät in das Erwerbsleben eintreten. Es ist anzunehmen, daß aus einer realistischen Reflexion der relativ geringen Chancen auf einen Ausbildungsplatz heraus einige Jugendliche mit türkischem Migrationshintergrund die Entscheidung treffen, den schwierigen und eventuell demoralisierenden Weg der Ausbildungsplatzsuche nicht anzutreten.

Hier könnte der Punkt sein, an dem Jugendliche mit türkischem Migrationshintergrund über die Option einer beruflichen Selbständigkeit als Erwerbs- und Entfaltungschance nachdenken, ohne dabei das gegenwärtige Leben vollständig auf „irgendwelche Verheißungen der Zukunft" hin (Böhnisch u. Münchmeier, 1993, S. 26) auszurichten.

5 Sonderstellung der Jugendlichen mit türkischem Migrationshintergrund auf dem Ausbildungsstellenmarkt

Die regionale Verteilung der Ausländer in der BRD ist durch eine hohe Konzentration in Großstädten und Ballungszentren sowie durch ein starkes West-Ost-Gefälle gekennzeichnet (vgl. Landesamt, 2007, S. 2). Durch eine Überlagerung von hohem Ausländeranteil mit einem regionalen Mangelangebot an Ausbildungsplätzen bei gleichzeitig hoher Arbeitslosenquote trifft der Rückgang des Ausbildungsplatzangebots Jugendliche mit Migrationshintergrund besonders stark. Insbesondere Jugendliche mit türkischem Migrationshintergrund haben große Schwierigkeiten, einen Ausbildungsplatz zu finden, da sie als Ausbildungsplatzbewerber „in der Regel defizitär" wahrgenommen werden (vgl. Kanschat, 2005, S. 22). Seit Jahren liegt die Ausbildungsquote Jugendlicher mit türkischem Migrationshintergrund deutlich unter der Ausbildungsquote der Deutschen und der anderer nationaler Gruppen. Die eklatanten Probleme der Jugendlichen mit türkischem Migrationshintergrund beim Übergang vom allgemein bildenden Schulsystem zur qualifizierten beruflichen Ausbildung („Erste Schwelle") kommt besonders darin zum Ausdruck, daß von allen erfolglosen Ausbildungsplatzsuchenden mit türkischer Staatsangehörigkeit die Hälfte zu den Altbewerbern gehört (vgl. Granato, 2003, S. 478).

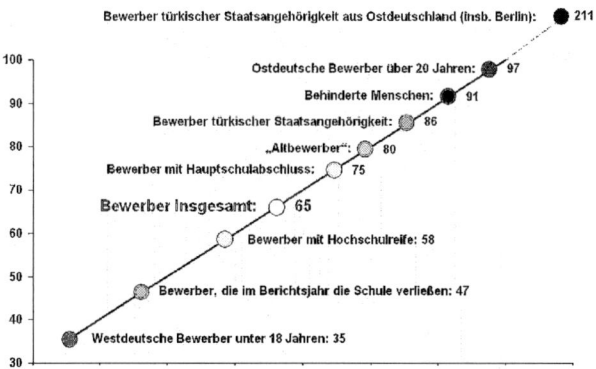

Abbildung 5.1: Zahl der noch nicht vermittelten Ausbildungsplatzsuchenden pro 1.000 Bewerber (Stand: 2005) (Quelle: Ulrich u. a., 2006)

Ausnehmend prekär gestaltet sich die Lage für Bewerber mit türkischer Staatsangehörigkeit aus den neuen Bundesländern (hier insbesondere in Berlin). 2005 fanden von 1.000 Bewerbern aus diesem Personenkreis 211 Bewerber *keinen* Ausbildungsplatz (Abbildung 5.1). Jugendliche mit türkischem Migrationshintergrund zählen zum Kreis der „Integrative Gatekeeper", d.h. sie haben auch auf anderen Gebieten Erfahrung als Benachteiligte (vgl. Imdorf, 2006). So wie in den 1970er Jahren das „katholische Arbeitermädchen vom Lande" (Tillmann, 1995, S. 199) zur Inkarnation der Bildungsbenachteiligung wurde, so sind speziell männliche Jugendliche mit türkischem Migrationshintergrund in Großstädten und industriellen Ballungsräumen mit einer speziellen Exklusionsproblematik in allen Ausbildungsbereichen konfrontiert, denen kaum eine Kompensationsmöglichkeit gegenübersteht.

5.1 Fehlendes Humankapital in Form von Sprachkompetenz

Schätzungen gehen heute von deutlich mehr als zehn Millionen zwei- und mehrsprachigen Menschen in Deutschland aus (vgl. BAMF, 2004, S. 256). Mehrsprachigkeit prägt damit die Lebensrealität der Mehrzahl der in Deutschland lebenden Menschen mit Migrationshintergrund. „Sprache ist das ‚kulturelle Kapital' das für eine aufwärtsführende Bildungskarriere unabdingbar ist" (vgl. Bachmair, 2007, S. 35). Diesen Zusammenhang beschrieb sowohl der Kultursoziologe Pierre Bourdieu in „Die feinen Unterschiede" als auch Basil Bernstein in „Sprachliche Sozialisation" (ebd.). Zu den Fertigkeiten und Kenntnissen, die spezifisch für die Aufnahmegesellschaft sind, zählen neben kulturellem Wissen (z.B. Rollenerwartungen bzw. Rollenverhalten) vor allem die Sprachkenntnisse. Dies stellt ein Problem dar, mit dem vor allem die Arbeitsmigranten aus der Türkei der ersten Generation konfrontiert waren.[1] Sprachkompetenz stellt den Schlüssel zur kulturellen Beteiligung und zum Arbeitsmarkt dar. Deutschkenntnisse spielen in der BRD eine Schlüsselrolle im Rahmen des sozialen Verständnisses von Integration, wobei nach Auffassung von Christoph Schroeder insbesondere die Beherrschung der Schriftsprache den Zugang zur schriftkulturell geprägten deutschen Gesellschaft gewährleistet (vgl. Schroeder, 2007, S. 6). Sprachdefizite gelten als typisches Migrationsproblem. Dabei sind Kinder mit einer in der Familie erlernten Kommunikationskompetenz in höherem Maße in der Lage, die Sprache als Mittel zur Auseinandersetzung mit ihrem Denken und ihren Wahrnehmungen einzusetzen.

Kinder und Jugendliche mit türkischem Migrationshintergrund der zweiten und dritten Generation stehen zwischen Spracherhalt (sofern die Muttersprache mit der dominierenden Sprache zusammen gesprochen wird in Form von Code-switching, Sprachvermischung beim Code-mixing und Kanaksprak) und Sprachumstellung, wobei sich heute die türkische Sprache als Muttersprache der in der BRD aufgewachsenen Türken vom Türkei-Türkischen unterscheidet (vgl. Bernart u. Billes-Gerhart, 2004, S. 18). Die zweite Generation[2] durchlief zwar wie ihre deutschen Altersgenossen das deutsche Schulsystem, sie hatten jedoch den Nachteil, die mangelnde deutsche Sprachkompetenz ihrer Eltern durch die Schulzeit mitzutragen.

Kinder mit Migrationshintergrund, die ihre Muttersprache von Grund auf qualifiziert erlernen konnten, haben eine gute Grundlage für das Erlernen von Deutsch als erster Fremdsprache und für weitere Sprachen. Die Lernforschung hat inzwischen hinreichend belegt, daß übergreifende Fähigkeiten wie z.B. das Aneignen einer Fremdsprache nur auf der Grundlage „solider substantieller Kenntnisse und Fertigkeiten" erworben werden können (Mayer, 2000, S. 404). Wurde die Muttersprache in ungenügendem Maße gelernt, so fällt das Lernen einer weiteren Sprache umso schwerer (ebd.). Daraus ist zu schließen, daß Kinder, die in der Türkei aufgewachsen sind und dort auch eingeschult wurden, beim späteren Wechsel auf eine deutsche Schule bedeutend weniger Schwierigkeiten beim Erlernen der deutschen Sprache und somit bessere Chancen auf einen höherwertigen Abschluß haben dürften. Vorausgesetzt, daß eine Motivation zum Erlernen von „Deutsch als Fremdsprache" vorhanden ist.[3]

---

[1] „Weder die soziale Lage noch die kulturelle Distanz als solche sind primär für Disparitäten der Bildungsbeteiligung verantwortlich; von entscheidender Bedeutung ist vielmehr die Beherrschung der deutschen Sprache auf einem dem jeweiligen Bildungsgang angemessenen Niveau. Für Kinder aus Zuwandererfamilien ist die Sprachkompetenz die entscheidende Hürde in ihrer Bildungskarriere" (Landeselternbeirat, 2001, S. 16).

[2] Als Ausländer wird in der amtlichen Statistik ein Staatsangehöriger eines anderen Landes definiert, aber auch die in Deutschland geborenen Kinder von Ausländern erhalten nach dem Abstammungsrecht die Staatsangehörigkeit der Eltern. Diese Personengruppe wird in der Regel als „zweite Einwanderergeneration" bezeichnet. In der Migrationsforschung werden darüber hinaus häufig bereits Personen, die im Vorschulalter eingewandert sind, zur zweiten Generation gezählt (vgl. BIB, 2004, S. 48).

[3] 29,9% der Ehefrauen der türkischen Migranten der ersten Generation und 25,8% der Ehefrauen (24,8% der Ehemänner) der zweiten Generation sind erst *nach der Heirat* in die BRD zugewandert (vgl. Nauck, 2007, S. 22). Es kann davon ausgegangen werden, daß viele der weiblichen Heiratsmigranten (insbesondere aus den ländlichen Gebieten der Türkei) keine über die fünf- bzw. achtjährige Pflichtschulzeit hinausgehende Schulbildung aufweisen. Durch das in der BRD beinahe durchgängige türkischsprachige Sozialnetz der Zuwanderer aus der Türkei

Kinder und Jugendliche, die in der bundesdeutschen Wissens- und Informationsgesellschaft die Landessprache nicht beherrschen, werden spätestens im Schulsystem ins Abseits der deutschen Leistungsgesellschaft katapultiert. Da ein Großteil der Lehrer im Unterricht einen elaborierten Wortschatz verwendet, wird dieser als Kommunikationsgrundlage in weiterführenden Schulen erwartet. Unter dieser Perspektive wird von den Kindern mit türkischem Migrationshintergrund eine grundlegende Qualifizierung in der Schule erwartet, über die deutsche Kinder ohne Migrationshintergrund leichter verfügen. Kinder aus bildungsfernen Migrantenschichten haben auch aus diesem Grund von Anfang an schlechtere Bedingungen im Wettbewerb um die begehrten, höheren Bildungsabschlüsse. Dies führt zu mangelnder Integration, da das in Deutschland übliche Berufsbildungssystem nur unzureichend in Anspruch genommen werden kann. Insbesondere eine fehlende Berufsausbildung führt zu einer schlechteren sozialen Ausgangssituation, was wiederum den Anschluß an die deutsche Gesellschaft erschwert oder ausschließt.

Im Berufsalltag wird die Kompetenz der Bilingualität besonders dort geschätzt und genutzt, wo in hohem Maße Kontakte zwischen Kunden und Fachkräften stattfinden und/oder nationale bzw. internationale Einsatzmöglichkeiten dieser Kompetenzen potentiell vorhanden sind (vgl. Settelmeyer u. a., 2006, S. 14). Bilingualität gilt als förderliche Kompetenz für Ausbildungsplatzbewerber und für Selbständigkeitsaspiranten oder für den Zugang zu den Freien Berufen (z.B. in der Versicherungsbranche, der Touristikbranche, der Immobilienbranche u.s.w.). Die Herkunftssprache kann so einen hohen beruflichen Verwendungszweck erreichen. In erster Linie erkennen diesbezüglich befragte Vorgesetzte sowie Fachkräfte mit Migrationshintergrund selbst die Einsatzmöglichkeit einer weiteren Fremdsprache als Zusatzqualifikation an. Außerdem berichten Settelmeyer/Hörsch/Dorau, daß in allen Untersuchungsberufen ihrer Studie das Fachkräfte neben ihrer Muttersprache und Deutsch noch Englisch und weitere Fremdsprachen wie z.B. Französisch oder Arabisch einsetzten, wobei besonderer Wert auf akzentfreies Sprechen gelegt wurde (vgl. 2006, S. 15).

Um die strukturelle Assimilation im Bildungsprozeß zu erreichen, muß bei bilingualen Schülern die Qualität der jeweils gesprochenen Sprachen höher sein als „die Beschränkung auf das Rudimentäre der Kanaksprak" (Bernart u. Billes-Gerhart, 2004, S. 11). Andreas Hieronymus/Jörg Hutter geben dagegen beim Fokus auf berufliche Potentiale zu bedenken „ob verschiedene Branchen nicht auch unterschiedliche Anforderungen an Sprachkenntnisse stellen" (2006, S. 8). Demzufolge würde für einige Berufe eine Differenzierung in Verstehen, Lesen, Sprechen und Schreiben als Grundwissen statt generell guter Deutschkenntnisse ausreichen.[4]

Die Sprachvermittlung erfolgt im Normalfall in erster Linie durch die Familie. Hat diese aber nicht die entsprechenden Kompetenzen vorzuweisen, so müßen Kinder so früh wie möglich sprachlich gefördert werden, um in der deutschen Gesellschaft bestehen zu können. Die regelmäßige Sprachstandsfeststellung ist als Grundlage für die frühe und individuelle Förderung von Kindern eine der Möglichkeiten zur Vorsorge und Hilfestellung. Es ist jedoch davon auszugehen, daß Jugendliche mit Migrationshintergrund potentiell zweisprachig[5] aufwachsen (vgl. Beer-Kern, 2005, S. 25).

Bedeutsam ist in diesem Zusammenhang auch der Umgang mit der deutschen Sprache innerhalb

---

war bisher der soziale Anforderungsdruck zum Erlernen der deutschen Sprache für die Heiratsmigranten nicht notwendigerweise gegeben. In diesem Sachverhalt könnte auch eine der Ursachen zu suchen sein, warum in der dritten türkischen Zuwanderergeneration ihre Deutschkenntnisse besorgniserregend rückläufiger werden, statt sich zu verbessern. Als Bedingung für den erfolgreichen Abschluß des Integrationskurses (ca. 600 Std. Sprachkurs und 30 Std. Orientierungsphase zu Geschichte, Politik und Kultur Deutschlands/ Anm. U.P.-F.) reicht Niveaustufe B1 aus, d.h. der Absolvent kann sich einfach und zusammenhängend über vertraute Themen und persönliche Interessensgebiete auf deutsch äußern (vgl. Schroeder, 2007, S. 9).

[4] Auch für Beer-Kern ist die Forderung nach einer 100%igen Deutschsprachfähigkeit durchaus in Frage zu stellen, denn „möglicherweise eine 60% bis 70%ige Zweisprachigkeit für internationale berufliche Handlungsfähigkeit wirkungsvoller" (2005, S. 26).

[5] Sprachkompetent sind „[...] mehrsprachige Sprecher in ihrer Gesamtsprachlichkeit, also in der Gesamtheit ihrer sprachlichen Mittel - das bedeutet jedoch in der Regel nicht die Verdoppelung aller einzelsprachlichen Varietätendifferenzierungen" (vgl. Schroeder, 2007, S. 11).

des türkischen Familienverbundes. Die Einsicht zur Notwendigkeit, die deutsche Sprache zu lernen, besteht für einen Teil der türkischen Migranten nur marginal, denn aufgrund des gut ausgebauten Netzwerks der Turkish Community in der BRD sowie bedingt durch Artikel 3 des Grundgesetzes[6] können „von der Wiege bis zur Bahre" beinahe alle Vorgänge und Formalitäten in der türkischen Muttersprache erledigt werden. Hier trifft das für das Sozialraum-Konzept bedeutende multifaktorielle Ursachengeflecht zutage, denn die familiale und soziale Voraussetzung wird umso schlechter, je weniger die Eltern selbst in das deutsche soziale Umfeld eingebunden sind.[7]

Nach Erkenntnissen von Julia H. Schroedter gelten Ehen zwischen Angehörigen verschiedener sozialer Gruppen als zentrale Indikatoren der gesellschaftlichen Integration[8] (vgl. Schroedter, 2006, S. 419). Wichtige Teile des Heiratsmarktes sind Arbeitsplatz, Vereine und Nachbarschaft, wobei von Bildungseinrichtungen angenommen wird, daß sie aufgrund der homogenen Altersstruktur und der heterogenen Geschlechtszusammensetzung besonders effiziente Märkte darstellen (vgl. Schroedter, 2006, S. 422). Türkische Migranten in Deutschland haben zudem oft noch Zugang zum Heiratsmarkt in ihrer Herkunftsgesellschaft, so daß sie unter Umständen auch eine transnationale Ehe[9] schließen.

Da bei hoher Bildung eine bedeutende Zeitspanne in den Bildungsinstitutionen verbracht wird, erhöht sich hier automatisch der Kontakt mit Deutschen. Weiterhin verringern sich mit zunehmender Bildung die „ethnisch homogenen" Alternativen, da Zuwanderergruppen aus den ehemaligen Anwerberstaaten im Durchschnitt über geringere formale Bildungsqualifikationen verfügen als Deutsche. Es kann angenommen werden, daß höher gebildete Personen eher bereit sind, intellektuelle Eigenschaften des Partners gegenüber ethnischer Zugehörigkeit vorzuziehen und somit die „Wirksamkeit potenzieller gruppeninterner Endogamienormen [...] mit höherer Bildung nachläßt" (Schroedter, 2006, S. 423). Berücksichtigt man den Sachverhalt, daß zunehmend mehr Migranten höhere Bildungsabschlüsse erzielen, so darf von einer weiteren Zunahme an binationalen Ehen mit Deutschen ausgegangen werden.

Es bestehen erheblich mehr binationale Ehen mit deutschen Frauen als mit deutschen Männern. Türken weisen unter allen Nationalitäten der ehemaligen Anwerbeländern den niedrigsten Anteilswert an Ehen mit deutschen Frauen auf. Rein numerisch dominieren unter anderem die Ehen zwischen deutsch-türkischen Paaren, was sich jedoch auf den hohen Bevölkerungsanteil der türkischen Migranten zurückführen läßt (vgl. Schroedter, 2006, S. 424). Türkische Frauen führen sehr selten eine Ehe mit einem Mann deutscher Statsangehörigkeit (6%) (vgl. Schroedter, 2006, S. 425). Unter den Staatsangehörigen aus den ehemaligen Anwerbestaaten sind türkische Migranten die einzige ethnische Gruppe, die in der zweiten Generation deutlich seltener eine Ehe mit Deutschen eingeht als ihre Vorfahren der ersten Generation in der BRD. Türken stellen in der zweiten Generation auch die einzige Gruppe dar, die zu beinahe 90% (Stand: 2000) eine zum Partner identische Staatsange-

---

[6]Artikel 3 (3) GG: „Niemand darf wegen [...] seiner Sprache [...] benachteiligt oder bevorzugt werden" (bpb, 2000, S. 13) hat unmittelbar sprachbezogene Folgen, indem er vorschreibt, daß der deutsche Staat auch denjenigen Bürgern, die die Amtssprache nicht beherrschen, auf entsprechenden Antrag hin das sie betreffende staatliche Handeln durchsichtig macht, indem er Dolmetscher bereitstellt (vgl. Schroeder, 2007, S. 8).

[7]Merkens/Schmidt folgern aus ihren Untersuchungen „[...], daß ein niedriger Sozialstatus eher zu einer Tendenz führt, die Rückkehr in das Heimatland fest einzuplanen; die geringere Bereitschaft, das deutsche als Verkehrssprache im innerfamilialen Bereich zu akzeptieren, legt eine solche Deutung nahe" (Merkens, 1997, S. 55).

[8]*Kulturelle Dimension* der Integration: Angleichung an die Aufnahmegesellschaft im Wissen und in den Fertigkeiten. Hierbei ist die Sprache als wichtigstes Mittel der Kommunikation die Voraussetzung für gesellschaftliche Teilhabe. *Strukturelle Assimilation*: Besetzung von Positionen in den verschiedenen Funktionssystemen der Gesellschaft, insbesondere die Platzierung auf dem Arbeitsmarkt und im Bildungssystem. *Soziale Assimilation*: Es bestehen soziale Beziehungen zwischen Zugewanderten und Mitgliedern der Aufnahmegesellschaft in Form einer dauerhaften Interaktion. *Emotionale Assimilation*: Ergibt sich infolge der Angleichung aus den vorgenannten drei Dimensionen und beschreibt den Grad der emotionalen Identifikation mit der Aufnahmegesellschaft (vgl. Schroedter, 2006, S. 420).

[9]Transnationale Ehen sind Ehen, die über eine Ländergrenze hinweg geschlossen werden und bei der die Ehefrau/der Ehemann erst nach der Heirat in das Land des Ehepartners zuzieht (vgl. Schroedter, 2006, S. 422).

hörigkeit aufweist. Dieses Verhalten steht in klarem Kontrast zum Heiratsmuster der Personen aus den restlichen ehemaligen Anwerbeländern, die in der zweiten Generation eine deutlich Zunahme an Ehen mit Deutschen verzeichnen (ebd.). Türkische Migranten beiderlei Geschlechts bilden damit eine deutliche Ausnahme im Heiratsverhalten mit Deutschen, wobei der Anteil binationaler Ehen mit türkischen Männern der zweiten Generation ab 1993 auf einem noch niedrigeren Niveau angesiedelt war als dies bei türkischen Männern der ersten Zuwanderergeneration der Fall war[10] (vgl. Schroedter, 2006, S. 427).

Eine binationale Partnerwahl tritt gehäuft auf, wenn mindestens einer der Partner Hochschulreife oder FH-Reife hat. Laut Bernhard Nauck heiraten türkische Männer mit Hauptschulabschluß mit 42% höherer Wahrscheinlichkeit eine deutsche Frau als dies türkische Männer *ohne* Hauptschulabschluß tun. Haben türkische Männer einen Mittlere Reife-Abschluß vorzuweisen, so erhöht sich diese Wahrscheinlichkeit um 193% (bei türkischen Männern mit Abitur um 184%) (vgl. Nauck, 2007, S. 21).

40,5% der Männer und 53,2% der Frauen aus den ehemaligen Anwerbestaaten, die über einen Hochschulabschluß verfügen, haben einen deutschen Ehepartner; weisen die Zuwanderer einen Hauptschulabschluß ohne beruflichen Abschluß auf, so heiraten 11,8% der Männer (5,7% der Frauen) einen deutschen Partner (vgl. Schroedter, 2006, S. 429). Hier ist eine Sonderstellung der türkischen Zuwanderer erkennbar: Während z.B. bei männlichen Italienern der zweiten Generation mit FH- oder Hochschulabschluß die Wahrscheinlichkeit eine deutsche Frau zu heiraten bei beinahe 75% liegt, beträgt die vorhergesagte Wahrscheinlichkeit für beide Generationen der türkischen Zuwanderer mit diesem Bildungsabschluß etwa 30% (vgl. Schroedter, 2006, S. 429). Dies läßt als möglichen Rückschluß zu, daß türkische Männer mit großer Wahrscheinlichkeit *keine* Ehe mit einer deutschen Frau (bzw. eine deutsche Frau mit einem türkischen Mann) eingehen werden.

Da Bildung ein bedeutendes Merkmal der strukturellen Assimilation darstellt, ist der Rückschluß möglich, daß strukturelle Assimilation sozialer Assimilation vorangeht bzw. diese bedingt und fördert. Wertet man den Anteil binationaler Ehen als Indikator der Integration, so ist bei den türkischen Migraten der zweiten Generation von allen Zuwanderern aus den ehemaligen Anwerbestaaten die Integrationsleistung am Schwächsten ausgeprägt. Allerdings ist der Hinweis angebracht, daß das beobachtete Heiratsmuster nicht ausschließlich als reines Ergebnis der Präferenzen der türkischen Migranten gewertet werden kann. Es muß berücksichtigt werden, daß mögliche Vorbehalte gegenüber bestimmten Zuwanderungsgruppen bei einem Teil der deutschen Bevölkerung bestehen könnten und diese Einflußgröße das innerhalb der Turkish Community vorzufindende, stark innerethnisch geprägte Heiratsmuster fördert.

2004 war bereits jede sechste Ehe in der BRD binational (vgl. aid, 2005b). Aus dieser Perspektive heraus ist zu erwarten, daß auch innerhalb der zukünftigen deutsch-türkischen Familien mit einem muttersprachlichen deutschen Elternteil das innerfamiliale Sprachverhalten die deutsche Sprache als Muttersprache stärker betont. In diesem Fall dürften Defizite in der deutschen Sprache bei der kommenden vierten Zuwanderergeneration nur noch eine marginale Bedeutung aufweisen.[11]

Die Bilingualität der Jugendlichen mit türkischem Migrationshintergrund stellt eine wertvolle Humanressource dar, denn in einer zunehmend multinationalen und wirtschaftlich globalisierenden Gesellschaft kann davon ausgegangen werden, daß Mehrsprachigkeit zunehmend von Vorteil oder

---

[10]Hinsichtlich des Heiratsverhaltens nehmen Türken in der BRD eine Sonderstellung ein, da sie in hohem Maße intraethnisch bzw. nationalitätsintern heiraten und sich unter den türkischen Ehefrauen vermehrt Frauen befinden, die vor der Eheschließung noch in der Türkei wohnhaft waren. Der Anteil an nach der Heirat in die BRD zugezogenen Ehefrauen ist unter den türkischen Migranten mit weitem Abstand am höchsten. In der zweiten Generation heiraten heute etwa 26% der türkischen Zuwanderer Frauen aus ihrem Heimatland (vgl. Schroedter, 2006, S. 428).

[11]Wenn nur ein Elternteil im Ausland geboren wurde, erreichen Schüler aus Zuwandererfamilien auf allen Niveaus der Lesekompetenz ein zu deutschen Schülern ohne Migrationshintergrund vergleichbares Ergebnis (vgl. Granato, 2003, S. 474). Wenn beide Elternteile außerhalb der BRD geboren wurden, erreichen 20% der 15-jährigen Schüler aus Migrantenfamilien nicht die Kompetenzstufe 1 (d.h. lesen und verstehen eines einfachen Textes) (ebd.).

Voraussetzung für eine qualifizierte Erwerbsbeteiligung ist. Jugendliche und Erwachsene werden im Zuge der Globalisierung vermutlich nicht mehr alleine mit der Muttersprache ihren Lebensunterhalt verdienen können. Bilingualität - oder noch besser Mehrsprachigkeit - ist ein Vorteil, der vom allgemein bildenden deutschen Schulsystem aber auch von Organisationen der Ethnic Community im Interesse der Integration gefördert werden sollte. Hinsichtlich der Sprachförderung sollte aus den aufgezeigten Gründen auch ein besonderer Augenmerk auf den ausländischen, durch Heirat zugewanderten Personenkreis gelegt werden.

5.2 Fehlende Humankapitalausstattung in Form von Bildungszertifikaten

Das Bildungsniveau ist von evidenter Bedeutung für die individuelle Lebensgestaltung, da es nicht nur die Sichtweise prägt, sondern die Basis für gesellschaftliche Chancen und Selbstverwirklichung darstellt. Eltern, die lediglich über geringe materielle und kulturelle Ressourcen verfügen, können sich in der Regel weniger mit ihren Kindern beschäftigen, was sich wiederum negativ auf deren intellektuelle Entwicklung auswirkt. Dabei scheinen die Bildungschancen der Kinder in signifikantem Maße mit dem Bildungsniveau der Eltern zu korrelieren: Je höher der Bildungsgrad der Eltern ist, desto besser sind die Chancen ihrer Kinder auf eine eigene, hohe Bildungsbeteiligung (intergenerationale Bildungsreproduktion) (vgl. Hradil 2001, S. 168). Der Bildungsgrad macht sich sogar stärker bemerkbar als das Familieneinkommen oder die Berufsstellung der Eltern (ebd.). Migranten aus den ehemaligen Anwerbestaaten, insbesondere aus der Türkei, verfügen in der BRD über das niedrigste Qualifikationsniveau (vgl. BMBF, 2006c, S. 147). Jugendliche aus türkischen Familien, deren Eltern der bildungsfernen Schicht angehören, haben es demzufolge ungleich schwerer als Jugendliche aus bildungsnahen Schichten, im Bildungssystem der BRD einen höheren Bildungsabschluß zu erreichen. Daraus kann gefolgert werden, daß sie selbst wahrscheinlich wiederum keine Führungsposition ausüben werden, da ihnen die bildungsqualifikatorischen Zugangsvoraussetzungen fehlen.

5.2.1 Schulabschlüsse im allgemein bildenden Schulsystem

Bildungsarmut geht nach Erkenntnissen von Anger/Plünnecke/Seyda häufig mit Einkommensarmut einher, die den Bezug von staatlichen Transferleistungen notwendig macht (vgl. Anger u. a., 2007, S. 40). Klaus-Jürgen Tillmann bestätigt den Stellenwert der Schule in der BRD: „Schule ist und bleibt die zentrale Qualifizierungs- und Selektionsinstanz in unserer Gesellschaft, damit eröffnet oder verweigert sie Lebenschancen, damit konfrontiert sie Heranwachsende langjährig mit Erfahrungen von Erfolg und Scheitern" (Tillmann, 1995, S. 194). Auch nach Ansicht von Giarini/Liedtke ist Bildung „eine Voraussetzung für Beschäftigung und vielleicht der wichtigste Aktivposten von uns Menschen angesichts einer unsicheren Zukunft" (1998, S. 103).

Hinsichtlich der Bildungschancen ihrer Nachkommen zeigt sich die Anwerbung von „Gastarbeitern" nach dem Rotationsprinzip integrationspolitisch als klar kontraindiziert: „Da die Immigranten in diesem Fall ihren Kindern [...] eine tendenziell zu geringe Schulausbildung ermöglichen, ergeben sich längerfristige Qualifikationsverluste und damit Integrationsdefizite auch für den Fall, daß eine spätere Rückkehr ins Heimatland unterbleibt" (Büchel u. Wagner, 1996, S. 94). Als Gründe für das insgesamt niedrigere Bildungsniveau der türkischen Jugendlichen gelten ihre schlechten, teilweise fehlenden deutschen Sprachkenntnisse, das mangelnde Bildungsbewußtsein ihrer Eltern und ihres sozialen Umfeldes sowie die Tatsache, daß unter der Prämisse, „die Rückkehr offen zu halten", teilweise von den Migrantenfamilien bewußt versucht wird, sich eher am Herkunftsland Türkei zu orientieren als an dem Aufnahmeland BRD. In der Migrationsforschung zeigt sich, daß Kinder und Jugendliche mit Migrationshintergrund nicht a priori benachteiligt sein müßen, denn wie bei den Kindern der einheimischen Bevölkerung hängt ihre soziale Platzierung vom Bildungskapital ab, das sie in Form von Fähigkeiten, Kenntnissen und Bildungszertifikaten erwerben konnten (vgl. Schröer

u. Sting, 2003, S. 16). Die generelle Tendenz zu höherwertigen Bildungsabschlüssen hält seit der Bildungsexpansion der 1970er Jahre unvermindert an.[12] Formalrechtlich gibt es keine schulischen Zugangsvoraussetzungen für eine Ausbildung im dualen System. Die Ausbildenden schließen privatrechtliche Verträge mit den Auszubildenden ab (respektive bei Minderjährigen mit deren Eltern als Rechtsvertreter) und nehmen die Möglichkeit der freien Auswahl unter den sich bewerbenden Jugendlichen wahr. Dabei legen sie die Auswahlkriterien nach eigener, betriebsrelevanter und persönlicher Präferenz fest. Der absolvierte Schultyp wird von den Ausbildenden vorab als Indikator für die zu erwartende Berufsschultauglichkeit betrachtet, wobei die Abschlußnoten aus Sicht der Ausbildenden einen Rückschluß auf die berufliche und persönliche Eignung des Ausbildungsplatzbewerbers zuläßt (vgl. Imdorf, 2006). Je höher die Bewerberzahlen für einen Ausbildungsplatz sind, desto höher wird auch der Faktor Schulnote berücksichtigt. Besonders in anspruchsvollen Ausbildungsberufen kommt dem schulischen Abschluß eine starke Gewichtung zu (ebd.).[13]

Die im Bildungsprozeß sukzessive erworbenen Qualifikationen müßen auf dem Ausbildungsstellenmarkt eine entsprechende Nachfrage finden, um für den Ausbildungsplatzbewerber Vorteile zu bringen. Daraus ist zu folgern, daß eine möglichst gute Ausbildung die Voraussetzung für den späteren beruflichen Erfolg darstellen kann. Hinsichtlich des Zusammenhangs von Schulnoten und mangelnder Ausbildungsreife besteht eine allgemein hohe Zustimmung bei der Aussage: „Auch jemand mit schlechten Noten kann ausbildungsreif sein": 85% der Experten und 78% der Wirtschaftsexperten bejahen diese Aussage (vgl. BIBB, 2005). Dies würde einem Primat „Betriebstauglichkeit vor Schultauglichkeit" gleichkommen. Betrachtet man das stark an Schulnoten orientierte Ausleseverfahren der Wirtschaftsunternehmen bei der Ausbildungsplatzvergabe, so scheint hier eine Diskrepanz zwischen Aussage und Praxis vorzuliegen.[14]

Fehlende oder niedrige Bildungsqualifikationen gelten als Hauptgrund für erfolglose Bewerbungen Jugendlicher mit Migrationshintergrund um einen Ausbildungsplatz. Wie Untersuchungen zeigen, gibt es „kein vergleichbares Land, in dem Schul- und Berufsausbildung einerseits und beruflicher Status andererseits so eng miteinander verknüpft sind, wie in der Bundesrepublik" (Mayer, 2000, S. 390). Die wachsende Zahl an schulisch sehr gut Qualifizierten auf dem Ausbildungsstellenmarkt führt zu einem weiteren Absinken der Chancen für Schulabgänger mit niedrigerer Qualifizierung. Vor allem in den Stadtstaaten Bremen, Hamburg und Berlin stellen Schulabgänger ohne Abschluß ein gravierendes Problem dar, wobei 2004 hier bei Jugendlichen mit Migrationshintergrund der Anteil der Hauptschulabgänger ohne Abschluß doppelt so hoch war wie bei deutschen Schülern (vgl. BMBF, 2006c, S. 72). Im Vergleich zur deutschen Gleichaltrigengruppe weisen Schulabgänger mit Migrationshintergrund meist niedrigere Bildungsabschlüsse auf (Angaben für Abgangsjahr 2005):

- 7,2% der deutschen Schulabgänger hatten *keinen Hauptschulabschluß* (17,5% der ausländischen Schulabgänger)

---

[12]Im Jahr 2000 verfügten etwa 21% (1991: 16%) aller Erwerbstätigen zwischen 20 und 30 Jahren über einen Fachhochschul- oder einen Hochschulabschluß (vgl. DESTATIS, 2001)/ (vgl. Granato, 2003, S. 474).

[13]Daraus resultierend fanden 2005 deutlich weniger Absolventen mit Hauptschulabschluß (-4,3%) und Realschulabschluß (-4,9%) einen Ausbildungsplatz im dualen System als 2004 (vgl. BMBF, 2006b, S. 178). 2004 betrug der Anteil an allen Auszubildenden mit Hauptschulabschluß 28,8% (v.a. im Handwerk), mit Realschulabschluß 37,5% (v.a. im öffentlichen Dienst), mit FH/ Hochschulreife 15,3% (v.a. in der Seeschiffahrt und im öffentlichen Dienst) (vgl. BMBF, 2006b, S. 104).

[14]Wenn in einer Region die Arbeitslosenquote unter 9% lag und die Noten eines Hauptschülers in Deutsch und Mathematik nicht schlechter als 1,5 waren, dann fand beinahe die Hälfte dieser Schüler (48%) einen Ausbildungsplatz. Lagen die Noten der Hauptschüler in Deutsch und Mathematik in der gleichen Region und zur gleichen Zeit zwischen 3,0 und 3,5, dann erhielten nur noch 33% dieser Jugendlichen einen Ausbildungsplatz (vgl. Eberhard u. a., 2005, S. 12). Hier ist der Zusammenhang zwischen der Vergabe von Ausbildungsplätzen und Schulnoten bei einer verhältnismäßig niedrigen Arbeitslosenquote gut nachvollziehbar.

- 23,2% der deutschen Schulabgänger hatten einen *Hauptschulabschluß* (41,7% der ausländischen Schulabgänger)

- 42,6% der deutschen Schulabgänger hatten einen *Realschulabschluß* (31,2% der ausländischen Schulabgänger)

- 1,3% der deutschen Schulabgänger hatten einen *FH- Abschluß* (1,4% der ausländischen Schulabgänger)

- 25,7% der deutschen Schulabgänger hatten eine *Allgemeine Hochschulreife* (8,2% der ausländischen Schulabgänger) (vgl. DESTATIS, a).

Besonders bei den höheren Bildungsabschlüssen sind Jugendliche mit türkischem Migrationshintergrund deutlich unterrepräsentiert.[15]

Da die Ausbildungschancen im dualen System und bei den vollzeitlich weiterführenden Berufsschulen von der schulischen Vorqualifikationen abhängig sind, kumulieren sich die Nachteile der Jugendlichen mit Migrationshintergrund.[16] Da einmal eingeschlagene Bildungswege in der BRD nicht beliebig modifiziert oder revidiert werden können (vgl. Kristen, 2003), stellt der zweite Bildungsweg häufig eine Kompensationsmöglichkeit dar.[17]

Laut Mona Granato zeigt in erster Linie nicht der Migrationshintergrund seine Auswirkungen, sondern das in Deutschland besonders stark ausgeprägte Phänomen der Ungleichverteilung der Bildungschancen (vgl. 2003, S. 474). Die festgestellte Stabilität der Bildungsungleichheit betrifft laut Michael Bommes allerdings nicht ausschließlich Migrantenkinder, sondern alle bildungsfernen Schichten. Diese scheinen „[...] ihrem Schicksal kaum entkommen zu können. Die Migranten und ihre Kinder sind nur die jüngsten Kandidaten, die von den Mechanismen der Stabilisierung sozialer Ungleichheit und sozialem Ausschluß erfasst werden" (Bommes, 2007, S. 5). Die besondere Problematik im Bildungssystem Deutschlands liegt in der Tatsache, daß es insbesondere bei Kindern mit Migrationshintergrund, *die bereits in Deutschland geboren wurden*, nicht gelingt, diese in das Bildungssystem zu integrieren (vgl. BAMF, 2004, S. 257). Laut Marianne Demmer haben insbesondere in Deutschland geborene Jugendliche mit Migrationshintergrund, die das deutsche Schulsystem durchlaufen haben, sehr schlechte Kompetenzwerte. In Mathematik und Deutsch fallen sie um bis zu 1 1/2 Schuljahre hinter Kinder aus deutschen Familien zurück. Da die PISA-Sonderauswertung alle für das schlechte Abschneiden dieses Personenkreises bisher als verantwortlich angesehenen Erklärungen widerlegt „bleibt nur noch das Argument der frühen Auslese" (vgl. GEW, 2006). Das deutsche Bildungssystem ist zwar in der Lage, die qualifizierten Migranten weiterhin zu fördern, jedoch kann es kaum die Bildungshemmnisse bei den Problemgruppen ausgleichen (vgl. BMBF, 2006c, S. 148).

5.2.2 Grundschulempfehlung

Das zu einem Großteil dreigliedrige, hierarchisch aufgebaute Schulsystem ist charakteristisch für das deutsche Bildungssystem. Analysen von Hanushek und Wößmann deuten inzwischen darauf

---

[15]Schüler mit mindestens einem Elternteil aus der Türkei besuchen vornehmlich Hauptschulen und Realschulen. Während 48,3% der 15jährigen türkische Schüler (Stand: 2000) die Hauptschule besuchten (ohne Migrationshintergrund: 16.6%), befanden sich 12,5% auf dem Gymnasium (ohne Migrationshintergrund: 33,2%) (vgl. BMBF, 2006c, S. 151).

[16]Der Ausländeranteil an allgemein bildende Schulen war 2005/06 in den Hauptschulen am höchsten (18,9%), gefolgt von den Förderschulen (früher: Sonderschulen) (15,7%) und den Integrierten Gesamtschulen (13,5%). Ihr Anteil in den Realschulen betrug 7,5%, in den Gymnasien 4,2% (vgl. DESTATIS, b).

[17]Bemerkenswert ist die hohe Beteiligung von Migranten (gemessen am Gesamtbevölkerungsanteil) an Angeboten des zweiten Bildungsweges, wobei hier deutlich das Nachholen eines Hauptschulabschlusses überwiegt (35,0%). Ihr Anteil an Abendrealschülern lag 2005/2006 bei 24,1% und an Schülern an Abendgymnasien bei 13,0% (vgl. DESTATIS, b). Diese Migrantenanteile sind deutlich höher als in den Realschulen oder Gymnasien des ersten Bildungsweges.

46

hin, daß besonders die Leistungsentwicklung schwächerer Schüler in differenzierten Schulsystemen suboptimal verläuft (vgl. Trautwein u. a., 2007, S. 3). Die Schule produziert durch diese Selektion bereits in einem sehr frühem Stadium der Persönlichkeitsentwicklung zukünftige Gewinner und Verlierer in einer Leistungsgesellschaft, denn die Bildungskarriere wird in der BRD mit der institutionellen Zuweisungspraxis der Grundschulempfehlung weitgehend festgelegt. Eine Revidierbarkeit[18] ist nur unter großer Kraftanstrengung und zielstrebiger Motivation über Jahre hinweg möglich (vgl. Ditton, 1995, S. 93). Die in den einzelnen Bundesländern unterschiedlich gehandhabte Grundschulempfehlung dient somit als grundsätzliche „Richtungsentscheidung" in der allgemein bildenden Schullaufbahn (vgl. BMBF, 2006c, S. 48).

Das Leistungspotential der Kinder mit türkischem Migrationshintergrund wird oft nicht voll ausgeschöpft, da die Eltern bereits bei der Wahl der weiterführenden Schulform große Unsicherheiten aufweisen. Gründe hierfür können Distanz zu höherer Bildung, Vorbehalte gegenüber dem unbekannten schulischen Umfeld oder schlichtweg Uninformiertheit über die Bildungsmöglichkeiten im deutschen Schulsystem sein. Diese „Selbsteliminierung" (Schimpl-Neimanns, 2000, S. 639) führt dazu, daß bereits sehr früh dem weiteren Lebensweg der Kinder mit türkischem Migrationshintergrund eine Richtung vorgegeben wird, die mit großer Wahrscheinlichkeit von einem niedrigen Einkommen beziehungsweise Lebensstandard sowie von einer damit einhergehenden, eingeschränkten gesellschaftlichen Partizipation geprägt sein wird. Mit der Wahl der Schulart verbinden sich in der BRD unterschiedliche zukünftige Bildungschancen. Die türkische Familie muß die Bildungsentscheidung für ihre Kinder treffen, wobei ihnen das deutsche Schulsystem sowie das berufliche Ausbildungssystem weitgehend fremd ist. Die Eltern sind bei ihren Entscheidungen auf den Ratschlag Außenstehender angewiesen. Hier sei auf die beobachtete Beratungsresistenz türkischer Familien bezüglich deutscher Institutionen hingewiesen. Laut Lothar Lappe monieren Kritiker der Bildungsexpansion immer wieder, daß der unverändert hohe Andrang der Jugendlichen in weiterführende Bildungseinrichtungen verstärkt zu mehr Selektion im Bildungssystem, zu stärkerer hierarchischer Differenzierung der Bildungsabschlüsse und zur Abstempelung berufspraktischer Qualifikationen als „schulische Minderleistung" führt (1995, S. 68).

In den meisten Bundesländern wechselten zum Schuljahr 2004/2005 anteilmäßig die meisten Schüler (zwischen 35% und 45%) im Anschluß an die Grundschule auf ein Gymnasium[19] über (vgl. BMBF, 2006c, S. 49). Jugendliche mit türkischem Migrationshintergrund sind in vielen Fällen der permanenten Anhebung der schulischen Anforderungen nicht mehr gewachsen, was in Folge zur weitgehenden Exklusion von höheren Bildungsabschlüssen oder qualifizierten Ausbildungen führt.

5.2.3 Hauptschüler und Schulabgänger ohne Mindestabschluß

2005 verließen bundesweit 17,5% der Jugendlichen mit Migrationshintergrund (7,2% der deutschen Schulabgänger) ohne Hauptschulabschluß das allgemein bildende Schulsystem (vgl. DESTATIS, a) und mehr als jeder fünfte 15-jährige Schüler in der BRD zählt zur „Risikogruppe" (vgl. BMBF, 2006b, S. 8).[20]

---

[18]Die Aufstiegsrate von Hauptschülern und Realschülern ins Gymnasium liegt unter 1%, was wiederum den Schluß zuläßt, daß es wohl eine Abstiegsdurchlässigkeit, aber nur eine sehr geringe Aufstiegsdurchlässigkeit gibt (vgl. Ditton, 1995, S. 93). Am Beispiel Realschule verdeutlicht sich die Problematik, denn 84% der deutschen Schüler befanden sich im Jahr 2000 in Jahrgangsstufe 9 noch in dieser Schulform, bei Schülern aus Migrantenfamilien lag der Anteil noch bei 73% (vgl. BMBF, 2006c, S. 152).

[19]Die Chance auf eine Gymnasialempfehlung ist für Kinder, deren Eltern in der BRD geboren wurden, 1,66 mal höher als für Kinder, deren Eltern beide nicht aus der BRD stammen (vgl. BMBF, 2006c, S. 165).

[20]Die Unternehmen befürchten, daß im Zusammenhang mit der hohen Schulabbrecherquote und der „Risikogruppe" derjenigen Schüler, die am Ende ihrer Pflichtschulzeit nur auf Grundschulniveau rechnen und lesen können und selbst einfache Texte nicht verstehen, sich das Problem der Geringqualifizierten nicht durch zusätzliche Jobs im Einfacharbeitssegment, sondern nur durch „mehr Kraftanstrengung bei der Aus- und Weiterbildung" (DIHK, 2006a, S. 9) reduzieren läßt.

Den mittleren Schulabschluß erreicht heute über die Hälfte der gleichaltrigen Wohnbevölkerung (vgl. BMBF, 2006c, S. 72). Er wurde zum Normabschluß erhoben, eine Entwicklung, die zur „Erosion der Normalbiografie" (Raab u. Rademacker, 1996, S. 143) führte. Diese „über den Ausbildungsstellenmarkt herbeigeführte Neudefinition der bürgerlichen Grundbildung für die Organisation des allgemein bildenden Schulsystems" (BMBF, 2006c, S. 83) versetzt minderqualifizierte Personen in eine schwierige Lage. Sie werden zu „Kellerkindern der Bildungsexpansion" (Ditton, 1995, S. 92). Der direkte Übergang in eine Ausbildung gelingt Jugendlichen mit Hauptschulbildung nur schwer, da sie laut Birgit Reißig/Nora Gaupp in direktem Verdrängungswettbewerb mit mittleren und höheren Bildungsabschlüssen stehen (vgl. Reißig u. Gaupp, 2007, S. 10).

Kinder mit türkischem Migrationshintergrund verzeichnen den höchsten Anteil an verzögerten Schullaufbahnen in Form von Zurückstellungen und Klassenwiederholungen (vgl. BMBF, 2006c, S. 152). In Sonderschulen ist der Anteil an Kindern mit Migrationshintergrund deutlich höher als im Durchschnitt der anderen Schularten im Sekundarbereich I (ebd.). Immer mehr ausländische Schüler verlassen auch die Sonderschulen ohne Abschluß, was in den vergangenen Jahren zu einem insgesamt höheren Anteil an Sonderschülern ohne Abschluß geführt hat (vgl. BMBF, 2006c, S. 73). Die Ergebnisse des DJI-Übergangspanels zeigen, daß die Bildungs- und Ausbildungswege von Jugendlichen mit Hauptschulbildung zunehmend länger und komplizierter werden, wobei eine Tendenz zur abnehmenden Bedeutung der Hauptschulen zu erkennen ist (vgl. Reißig u. Gaupp, 2007, S. 17).

Schulabgänger ohne Mindestabschluß[21] finden nur zu einem sehr geringen Prozentsatz einen Ausbildungsplatz im dualen System. So betrug 2004 dieser Anteil an allen Auszubildenden lediglich 2,5%, hier vor allem in der Hauswirtschaft im städtischen Bereich (vgl. BMBF, 2006b, S. 104). Daraus ableitend findet dieser Personenkreis überwiegend Beschäftigung als un- und angelernte Arbeiter mit entsprechend schlechten Arbeitsbedingungen, niedriger Bezahlung, wenig Sozialprestige und der Gefahr, schnell arbeitslos zu werden. Die Bildungsexpansion der 1970er Jahre hat unter anderem zur Existenzkrise der Hauptschule geführt, denn Hauptschulen gelten inzwischen als Schule für Minderbegabte und Benachteiligte. Bereits 1980 wurde davor gewarnt, daß die Sogwirkung der höheren Abschlüsse die Hauptschulen allmählich personell austrocknen und schließlich als Schule für den „Bodensatz der Hoffnungslosen" (Hübner-Funk, 1980, S. 167) zurückbleiben würde. Aufgrund des hohen Anteils an Schülern mit Migrationshintergrund wird sie auch zur „ethnisch dominierten Gettoschule" erklärt (DESTATIS, 2005, S. 491), sie gilt als Problemschule, als „bildungspolitisches Aus" (vgl. Trautwein u. a., 2007, S. 7). Hauptschüler absolvieren nach dem Schulabschluß mit deutlich zunehmender Tendenz berufliche Grundbildungsmaßnahmen, um ihre Chancen auf dem Ausbildungsstellenmarkt zu verbessern. Für diese Jugendlichen wird „der Gang durch die Hauptschule [...] zur Einbahnstraße in die berufliche Chancenlosigkeit" (Beck, 2003, S. 45). Etwa ein Drittel (32,4%) der Hauptschulabsolventen konnten 2005 einen Ausbildungsplatz im dualen System finden (2004: 38,5%) (vgl. BMBF, 2006b, S. 179).

5.2.4 Allgemein bildende Abschlüsse in der beruflichen Bildung

Bisher galt die Jugendzeit im Rahmen des „Normallebenslaufs" als Vorbereitungsphase, in der die Qualifikationen erworben werden. Versäumte der Einzelne diese Qualifizierungschance, so fehlten ihm häufig wichtige Voraussetzungen für das Gelingen seines weiteren Lebensweges („Karrieremodell des Lebenslaufes") (vgl. Böhnisch u. Münchmeier, 1993, S. 26). Das allgemein bildende Schulwesen in der BRD stellt dabei die „Gelenkstelle für Bildungskarrieren" dar (vgl. BMBF, 2006c, S. 49). Die jeweiligen schulischen allgemeinen Abschlußqualifikationen waren weitgehend an eine entsprechende

---

[21] Ein erklärtes Ziel der Bildungspolitik in Deutschland seit der Sondertagung des Europäischen Rates in Lissabon (März 2000) ist es, bis 2010 die Halbierung der Zahl derjenigen 18- bis 24jährigen zu erreichen, die lediglich über einen Abschluß der Sekundarstufe I verfügen und keine weiterführende Schul- oder Berufsausbildung durchlaufen (vgl. BMBF, 2001a). Die Bildungslandschaft befindet sich derzeit im Umbruch, wobei versucht wird, dem Problem der sozial Benachteiligten im Bildungssystem durch Schaffung von Gesamtschulen entgegenzuwirken.

48

Schulform des allgemein bildenden Schulwesens gebunden. Inzwischen hat sich eine Teilentkoppelung von der in der Sekundarstufe besuchten Schulform und dem höchsten erworbenen Bildungsabschluß ergeben, wobei der Entkoppelungsprozeß für den Mittleren Bildungsabschluß am Weitesten vorangeschritten ist (vgl. Trautwein u. a., 2007, S. 8). Schulabschlüsse im beruflichen Bildungswesen erlangen als „zweiten Chance" zunehmend größere Bedeutung. Schulart und Schulabschluß enwickeln sich inzwischen weg vom traditionellen Bildungsweg und hin zu nominell gleichen allgemein bildenden Abschlüssen im beruflichen Bildungssystem.[22] Die allgemein bildenden Schulen scheinen allmählich das Monopol bei der Vergabe von Abschlüssen zu verlieren (vgl. BMBF, 2006c, S. 76). Das System der beruflichen Bildung nimmt bereits häufig eine kurative Funktion wahr, indem es auch bildungsarme Schüler zu einem Abschluß der Sekundarstufe II führen kann (vgl. Anger u. a., 2007, S. 45). Dadurch leistet das duale System einen markanten Beitrag zur Reduzierung der Jugendarbeitslosigkeit (ebd.).

Das Bildungswesen ist für viele Kinder und Jugendliche mit Migrationshintergrund eine Chance, sozial aufzusteigen (vgl. Schröer u. Sting, 2003, S. 15). Versäumten sie bisher, einen qualifizierten Schulabschluß zu erwerben, so war ihre zukünftige Erwerbsperspektive oft auf niedrig qualifizierte Tätigkeiten beschränkt. Jugendliche mit Migrationshintergrund wählen heute zunehmend den Weg über das berufliche Bildungssystem, um fehlende allgemeine Bildungsabschlüsse nachzuholen oder um höhere Bildungszertifikate zu erlangen (vgl. BMBF, 2006c, S. 75). Dies könnte als Indikator für die Annahme dienen, daß diese Jugendlichen an der traditionellen deutschen Berufsausbildung partizipieren möchten, die von der Wirtschaft voraussetzend geforderten Bildungsqualifikationen jedoch nicht nachweisen können und sich durch den zusätzlichen Abschlüsse einen Vorteil auf dem Ausbildungsstellenmarkt oder beim Zugang zu weiterführenden Schulen erhoffen. Die „zweite Chance" stellt somit eine Korrekturmöglichkeit für fehlende allgemein bildende Abschlüsse dar hat eine wachsende Bedeutung in pädagogischer und sozialer Hinsicht für ausländische und deutsche Schüler.

5.3 Mangelndes Sozialkapital in Form sozialer Netzwerke

Die Relevanz eines beruflichen Netzwerkes durch Freunde und Bekannte wird in Mark Granovetters „The Strength of Weak Ties"- Theorie deutlich.[23] In dieser Theorie kommt den Freundschafts- und Bekanntschaftsbeziehungen eine hohe Relevanz hinsichtlich ihres Einflusses bei der Arbeitsplatz- und Ausbildungsplatzsuche zu (vgl. Granovetter, 1983, S. 201 f.).

Ethnic Communities von Jugendlichen haben eine andere Form und andere Funktionen als die der Erwachsenen (vgl. Bernart u. Billes-Gerhart, 2004, S. 9). Dies zeigt sich in der Sprache innerhalb der peergroups, denn es gibt Gleichaltrigengruppen unterschiedlicher Herkunft, bei denen Deutsch als gemeinsame Sprache genutzt wird, und es gibt rein ethnische peergroups (ebd.). Jugendlichen mit türkischem Migrationshintergrund fehlen häufig informelle Netzwerke, die über die eigene Ethnie hinausreichen. Insbesondere in Ballungsräumen mit hohem Migrantenanteil sind allgemein bildende Schulen mit einer starken ethnischen Homogenität in den Klassen zu finden, was dazu führt, daß die Freundschaftsbindungen der Schüler fast ausschließlich im innerethnischen Personenkreis zu

---

[22]In Hamburg, im Saarland und in Schleswig-Holstein wird bereits mehr als jeder Vierte mittlere Abschluß nicht mehr an allgemein bildenden Schulen sondern *auf dem beruflichen Bildungsweg* erreicht (vgl. BMBF, 2006c, S. 75). Etwa 20% der mittleren Abschlüsse und 14% der allgemeinen Hochschulzugangsberechtigungen wurden 2004 *an einer beruflichen Schule* erworben (vgl. BMBF, 2006c, S. 75).

[23]„The argument asserts that our acquaintances (*weak ties*) are less likely to be socially involved with one another than are our close friends (*strong ties*). Thus the set of people made up of any individual and his or her acquaintants comprises a low-density network (one in which many of the possible relational lines are absent) whereas the set consisting of the same individual and his or her *close* friends will be densley knit [...]."[...] „It follows, then, that individuals with few weak ties will be deprieved of information from distant parts of the social system and will be confined to the provincial news and views of their close friends. This deprivation will not only insulate them from the latest ideas and fashions but may put them in disadvantaged position in the labor market, where advancement can depend [...] on knowing about appropriate job openings at just the right time." (Granovetter, 1983, S. 201 f.).

finden sind. Für Jugendliche mit türkischem Migrationshintergrund spielen auch in der Freizeit Jugendliche der eigenen Ethnie eine bedeutende Rolle[24]. Sie verbringen ihre Freizeit auch häufiger mit Jugendlichen anderer Nationen als mit deutschen Jugendlichen (vgl. Bernart u. Billes-Gerhart, 2004, S. 23 f.). Die Unterschiedlichkeit der Freundschaftsnetzwerke, des sozialen Umfeldes und der Freizeitaktivitäten hat Auswirkungen auf ihre Persönlichkeitsentwicklung und die Ausbildung der Wertorientierung (vgl. Baier u. Pfeiffer, 2007, S. 23).

Eltern, die einer gering qualifizierten Arbeit nachgehen, fehlen oft Informationen über den lokalen Ausbildungs- und Arbeitsmarkt. Sie haben selten Einfluß bei der Vermittlung der Einstellungen in ihrem Betrieb, zudem können sie ihren Kindern wenig Informationen zum Einstellungsverfahren oder zur Berufsausbildung selbst geben. Die fehlenden informellen Netzwerke der Eltern erschweren die Situation ihrer Kinder auf der Suche nach einem geeigneten Ausbildungsplatz (vgl. Granato, 2001). Da „die Türken unter allen Arbeitsmigranten der ersten Generation strukturell am schlechtesten platziert sind" (Kalter, 2006, S. 148), wäre auch dies eine mögliche Ursache für die besonderen Nachteile der zweiten und dritten Zuwanderergeneration. Als Folge davon sind sie noch mehr als deutsche Jugendliche auf ein soziales Netzwerk angewiesen, bei dem ihre persönlichen Kontakte zu anderen Jugendlichen zur Informationsbeschaffung und Hilfestellung nutzbringend eingesetzt werden können. Allerdings haben viele Jugendliche mit türkischem Migrationshintergrund wegen ihrer starken innerethnischen Konzentration insgesamt deutlich weniger Kontakt zu deutschen Gleichaltrigen als andere ausländische Gruppen. Die Turkish Community stellt zwar in Deutschland ein stabiles soziales Netzwerk dar, ist aber bedingt durch ihre Ressourcen wie Stellung im Beruf, soziale Stellung, Informationsdefizite sowie Vorbehalte gegenüber deutschen Behörden oftmals nicht in der Position, den Jugendlichen die Unterstützung zu geben, die diese für eine erfolgreiche Ausbildungsplatzsuche in einem zukunftsträchtigen Beruf benötigen.[25]

Da vier Fünftel der von türkischen Arbeitgebern Beschäftigten wiederum Türken sind (vgl. Leicht, 2005 a, S. 16), ist davon auszugehen, daß die entsprechenden sozialen Netzwerke der Beschäftigten auch stark innerethnisch geprägt sein werden. Die Wahrscheinlichkeit, hier einen Ausbildungsplatz zu finden, dürfte aus diesem Blickwinkel für Jugendliche mit türkischem Migrationshintergrund groß sein. Unter Berücksichtigung der Tatsache, daß derzeit von innerethnischer Unternehmerseite jedoch kaum Ausbildungsplätze angeboten werden, herrscht hier noch Handlungsbedarf.

Bei der Berufswahl kann es durchaus zu einer Diskrepanzerfahrung zwischen den Wünschen und den persönlichen Voraussetzungen der Jugendlichen gegenüber den strukturellen Bedingungen des Ausbildungsstellenmarktes kommen. Je schlechter sich die Angebots-Nachfrage-Relation für die Jugendlichen auf dem Ausbildungsstellenmarkt entwickelt, desto bedeutsamer wird die Einbindung der Jugendlichen in soziale Netzwerksysteme. Soziale Netzwerke stellen eine kostengünstige Informationsquelle für Arbeitnehmer und Ausbildungsplatzsuchende dar. Personelle Empfehlungen durch Dritte sind für Arbeitgeber eine attraktive, weitgehend verläßliche und kostengünstige Möglichkeit, wunschgemäß qualifizierte Arbeitskräfte zu finden.[26] Soziale Netzwerke werden damit zur wichtigen

---

[24]Die Problematik eines möglicherweise delinquenten Freundeskreises soll hier nur kurz angedeutet werden: Während im Durchschnitt 21,6% der Hauptschüler fünf und mehr delinquente Freunde haben, so sind dies bei den Gymnasiasten 10,7%. Allerdings fällt insbesondere bei türkischen Jugendlichen der Anteil an Schülern mit Kontakten zu delinquenten Gleichaltrigen auch dann nicht niedriger aus, wenn sie ein Gymnasiaum besuchen (vgl. Baier u. Pfeiffer, 2007, S. 23).

[25]„Die recht gleichförmige Wahl von wenig weiter qualifizierenden Ausbildungsplätzen bzw. den vollständigen Verzicht auf Ausbildung seitens der Mehrheit der gering qualifizierten Türken lässt sich durch die Bedeutung erklären, die ethnische Gemeinschaften haben. Sozialisationsbedingungen in Stadtteilen mit hohem Migrantenanteil und niedriger Wohnqualität sind mit spezifischen, zumeist geringen Bildungschancen verbunden. Wenn bereits die Elterngeneration in ihrer Volksgruppe über innerethnische Netzwerke verfügt, ist es auch für die „Zweite Generation" wahrscheinlich, daß sie die entsprechenden Beziehungen aufbaut. Diese stellen durchaus einen Sozialisationsgewinn dar, der für den Zugang zu den Arbeitsmärkten der ethnischen Gemeinschaft von Bedeutung, für die formalisierte Stellenvergabe in der deutschen Gesellschaft aber hinderlich sein kann" (Sen, 2002).

[26]„Ein erheblicher Teil der Ausbildungsstellen wird aufgrund von ‚guten Worten' und Wünschen Vorgesetzter, des Betriebsrats oder von Kollegen, also über informelle Beziehungen vergeben" (Boos-Nünning, 2006, S. 5).

Determinante des Arbeitsmarkterfolges.

Die geringe soziale Assimilation der Jugendlichen mit türkischem Migrationshintergrund hat laut Frank Kalter möglicherweise Auswirkungen auf ihre Sonderrolle auf dem Arbeitsmarkt in der BRD (vgl. 2006, S.148). Ihre Netzwerkproblematik liegt vermutlich auch bei dem ausgezeichnet ausgebauten Turkish Community-Netzwerk mit seinen ausgeprägten ethnisch-homogenen Beziehungen.[27] Sie können vor allem diejenigen Ressourcen mobilisieren, die innerhalb ihrer ethnischen Gruppe vorzufinden sind. Diese Enklave kann einen Ersatzmarkt darstellen, auf dem einem Teil der Landsleute bessere Erwerbsmöglichkeiten angeboten werden (vgl. Kalter, 2006, S. 148). Möglicherweise nutzen weniger qualifizierte Jugendliche mit türkischem Migrationshintergrund bevorzugt die innerethnischen Strukturen zur Verbesserung ihres sozialen Status, was allerdings auch zu Abschottungstendenzen führen kann.

Die Chancen auf eine qualifizierte Beschäftigung ist für Jugendlicher mit türkischem Migrationshintergrund umso besser, je mehr Deutsche zu ihrem Freundschaftsnetzwerk gehören und je besser ihre Deutschkenntnisse sind (vgl. Kalter, 2006, S. 155). Durch den Kontakt mit Deutschen werden gesellschaftliche Situationen und Erfahrungsmomente für Jugendliche mit türkischem Migrationshintergrund zu Erfahrungswissen. Dieses hilft, sich in einer entsprechenden Situation, wie beispielsweise bei einem Bewerbungsgespräch, aus der erlebten Alltagserfahrung heraus situationsangemessen zu verhalten. Durch ihre teilweise Selbsteliminierung aus dem sozialen Netzwerk interkultureller Freundschaftsbeziehungen außerhalb der türkischen Ethnie minimieren Jugendliche mit türkischem Migrationshintergrund unter anderem auch ihre möglichen Chancen auf eine erfolgreiche Erwerbszukunft.

Bei Selbständigen können soziale Netzwerke und ihre persönliche Networking-Kompetenz Einfluß auf den Geschäftserfolg nehmen. Selbständige mit kleinen und mittleren Unternehmen leben häufig von den Kunden aus ihren sozialen Netzwerken, denn oftmals werden hier Aufträge über persönliche Empfehlungen von Bekannten und durch Mund-zu-Mund-Propaganda vermittelt. Networking-Kompetenz zählt zu den soft-skills, die die Fähigkeit beinhaltet, Freundschaften und Bekanntschaften zu pflegen und bei Bedarf für die eigenen Zwecke einzusetzen. Die Erfolgsstrategie „Networking" hat dadurch den Charakter des gezielten, erfolgreichen Selbstmarketings.

5.4 Mangelnde Berufslaufbahnkompetenz

Die Entscheidungskriterien der Ausbildungsplatzbewerber *für* eine Berufsausbildung im dualen System stellen eine Balance zwischen Arbeitsmarktorientierung und Subjektorientierung wie auch zwischen Berufsorientierung und Lebensplanung dar. Dabei fallen heute der Zeitpunkt des Schulabschlusses und die Berufswahlentscheidung immer häufiger auseinander und die einmal getroffene Berufswahlentscheidung wird vielfach im Verlauf des Übergangs wieder revidiert (vgl. Raab u. Rademacker, 1996, S. 129).[28]

Jugendliche mit Migrationshintergrund sind generell stärker an einer Ausbildung im dualen System interessiert (71,7%) als Jugendliche ohne Migrationshintergrund (61,1%) (vgl. BMBF, 2006b, S. 174). Einer der Gründe, warum sie bedeutend geringere Chancen zur Partizipation am deutschen betrieblichen Ausbildungsstellenmarkt haben, liegt in ihrer mangelnden Berufslaufbahnkompetenz in Form fehlender Informationen und Suchstrategien. Auch der tatsächliche Beratungsbedarf wird

---

[27]In Berlin und in den großen Städten des Rhein-Ruhr-Gebietes kann heute weitgehend alles vom Einkauf über den Friseurbesuch bis zur Mitgliedschaft in einer Fußballmannschaft innerhalb der türkischen Gemeinschaft erledigt werden, wobei sich mit der Dauer des Aufenthaltes die Organisationsstrukturen weiterentwickeln und sich mit der Zeit immer mehr Angebote in den unterschiedlichen Lebensbereichen etablieren (vgl. Sen, 2002).

[28]Etwa 60% der Jugendlichen beginnen eine Berufsausbildung im dualen System direkt nach dem Schulabgang (vgl. BMBF, 2005a), da sie finanziell selbständig sein möchten oder nach den vorherigen, schulischen Erfahrungen nun den Realitätsbezug suchen und dabei die betriebliche Berufsausbildung als Schonraum zum Erwerbsleben ansehen. Zu diesem Zeitpunkt ist die Verwertbarkeit der erreichten Bildungsabschlüsse noch am höchsten.

häufig nicht realistisch genug eingeschätzt.

Zur Realisierung des Ausbildungswunsches bedarf es einer möglichst ausgeprägten Berufslaufbahnkompetenz („career-managing-skills"). Je zielstrebiger Jugendliche bei ihrer Berufswahl vorgehen, desto größer sind ihre Erfolgsaussichten, denn „wer ein dediziertes Berufsziel hat und auch realisieren kann, hat im Durchschnitt bereits deutlich bessere Chancen glatt durch die Krise [...] zu kommen, als jemand, der ohne klares eigenes Berufsziel sich am vorhandenen Angebot orientiert" (Baethge u. a., 1989, S. 69). Jugendliche mit Berufslaufbahnkompetenz berücksichtigen möglichst realistisch, rechtzeitig und zielorientiert, welche ihrer Ressourcen einen positiven Effekt auf die erfolgreiche Ausbildungsplatzsuche und Berufswahlentscheidung haben könnten. Ihr Focus muß dabei auf die Nutzung der individuellen Optionen gerichtet sein.

Ein wichtiger Bestandteil der Berufslaufbahnkompetenz ist die kritische Auswertung der für die Ausbildungsplatzsuche relevanten Daten und Informationen, um sie anschließend möglichst sinnvoll und gezielt für die gewünschten Zwecke einzusetzen. In einer Zeit der „Informationsrevolution" (Giarini u. Liedtke, 1998, S. 106) muß der Einzelne möglichst früh lernen, wie auf unterschiedlichen Wegen Informationsmaterial beschafft werden kann, denn die gegenwärtigen Kommunikationssysteme haben den „Überfluß redundanter Informationen, irrelevanter Nachrichten und mehrfacher Wiederholungen derselben Zeichen und Publikationen" verschärft (Giarini u. Liedtke, 1998, S. 107). Für Jugendliche mit Migrationshintergrund ist dabei die Beherrschung der Muttersprache wie auch der deutschen Sprache von grundlegendem Vorteil. Der Ausbildungsplatzsuchende muß sich seiner Zielvorstellung bewußt sein, denn ohne Zielvision ist auch keine Leistungsorientierung möglich.

Der Übergang von der allgemein bildenden Schule in eine berufliche Ausbildung stellt für Jugendliche generell eine belastende Lebensphase dar, die ihnen aufgrund der zunehmend schlechter werdenden Angebots-Nachfrage-Relationen ein hohes Maß an motivationaler Stabilität und Disziplin abverlangt. Der Weg bis zur Aufnahme einer betrieblichen Ausbildung muß von den jugendlichen Ausbildungsplatzsuchenden über mehrere Stufen gemeistert werden: Von der Informationsbeschaffung über die Berufsfindung, Berufsentscheidung und Ausbildungsplatzsuche bis hin zu der Bewerbung, dem Vorstellungsgespräch und dem Vertragsabschluß. Die psychische Belastung während der gesamten Berufsfindungs- und Entscheidungsphase ist hoch, da den meisten Jugendlichen die Unsicherheit der zukünftigen Verwertung ihrer angestrebten Ausbildung bewußt ist.

Von den Ausbildungsplatzsuchenden wird Handlungskompetenz mit der Fähigkeit zur eigenständigen Karrieregestaltung abgefordert. Diese beinhaltet unter anderem die Nutzung ihrer verfügbaren Ressourcen wie Medien, Familie, Freunde, Berufsberatung und soziale Netzwerke sowie

- die Kompetenz zur Nutzung und Verwertung vorhandener Informations- und Beratungsangebote

- die Informiertheit über Variationen und Bedingungen des Zugangs zu betrieblichen Ausbildungen und deren schulischer Alternativen

- die Klärung realisierbarer beruflicher Wünsche unter Berücksichtigung von Eignung und Neigung

- eine Strategie zur zeitnahmen Realisierung des Ausbildungswunsches

- ein alternativer Plan („Plan B") in Form von Bewältigungsstrategien für den Fall des Scheiterns („coping skills") (vgl. Braun u. a., 2001, S. 16).

Die Übergangsplanung von den letzten beiden Schuljahren bis zum Berufseinstieg muß möglichst flexibel gestaltet bleiben. Eine Problematik für Jugendliche mit türkischem Migrationshintergrund stellt die Tatsache dar, daß meist nur wenige Berufsbilder im türkischen Familien-, Bekannten- und Freundeskreis verbreitet sind und sich die Jugendlichen unter anderem deshalb auch nur für wenige

Berufe bewerben. Daraus resultierend stehen sie mit sehr vielen Mitbewerbern in direkter Konkurrenz um einen betrieblichen Ausbildungsplatz. Sie minimieren dadurch selbst ihre Chancen auf eine erfolgreiche Bewerbung. Junge Migranten verlassen sich bei der Suche nach einem Ausbildungsplatz in der Regel zu spät und nahezu ausschließlich auf die Berufsberatung der Arbeitsverwaltung (vgl. Beer-Kern, 2005, S. 24). Sie verfügen oftmals nicht über die notwendige Handlungskompetenz, um bei der Ausbildungsplatzsuche eine Vielzahl verschiedener Strategien anzuwenden (ebd.). Das jeweilige Such- und Entscheidungsverhalten ist von der individuellen Chancenausstattung, der Verwertbarkeit der Schulabschlüsse sowie von regionalen Bedingungen abhängig.[29] Ein Großteil der Jugendlichen ist völlig unzureichend auf die Berufswahl vorbereitet. Eine Verbesserung der Berufspropädeutik in den Schulen, insbesondere in den Hauptschulen, die von einem Großteil der Jugendlichen mit türkischem Migrationshintergrund besucht werden, könnte hilfreich sein.

Jugendliche mit und ohne Migrationshintergrund müßen auf der Suche nach einem geeigneten Ausbildungsplatz das aktuelle Marktgeschehen beobachten und ihre Rückschlüsse daraus in ihre Berufswahlentscheidungen mit einbeziehen.[30] Auch das Auftreten gegenüber dem zukünftigen Ausbildenden während des Bewerbungsgesprächs kann entscheidend für Erfolg oder Mißerfolg sein. Hier werden von den Arbeitgebern häufig Defizite festgestellt.[31] Jugendliche müßen ihre „Selbstwirksamkeit" zuvor in verschiedenen Rollen[32] erfahren, erst dann können sie sich auch in unterschiedlichen Situationen angemessen verhalten (vgl. Erdinger, 2006, S. 27).

Dies läßt sich nicht innerhalb kürzester Zeit konditionieren oder trainieren, führt jedoch mit der Zeit zu einem positiveren Sozialgebaren und zeigt den Jugendlichen deutlich auf, über welche Ressourcen sie verfügen. Zu erkennen, daß entsprechendes Verhalten im passenden Zusammenhang eine „Komfortzone des Verhaltens" (Erdinger, 2006, S. 27) entstehen läßt, hilft den Jugendlichen auf ihrem Weg zur Selbstsicherheit im Umgang mit anderen. Positive Erfahrungen führen dazu, daß immer weitere Lebensbereiche erschlossen werden und die Jugendlichen erkennen, daß sie ihr Leben auch selbst in die Hand nehmen können. Eigenverantwortlichkeit und Selbstbestimmung sind Voraussetzungen für eine kompetente Berufslaufbahnentscheidung „mündiger" zukünftiger Auszubildender, die von ihnen in einer individualisierten Leistungsgesellschaft erwartet werden.

Bei der Berufsentscheidung, die einen wichtigen Wendepunkt im Leben eines Jugendlichen darstellt, benötigt dieser vor allem Hilfestellung in Form sachkundiger Beratung und Unterstützung bei der Informationsbeschaffung. Jugendliche mit türkischem Migrationshintergrund verfügen häu-

---

[29]Daß Jugendliche mit Migrationshintergrund auch bei den zwischen 1996 und 2001 neu geschaffenen Ausbildungsberufen im dualen System lediglich mit einem vierprozentigen Anteil vertreten sind (vgl. Granato, 2003, S. 477) läßt vermuten, daß eine Kombination aus mangelnder Informationslage, unzureichenden schulisch-qualifikatorischen Voraussetzungen sowie möglicherweise auch regionale Verteilungsbedingungen die Ursache für deren geringe Beteiligung darstellen.

[30]Laut Berechnungen des Instituts für Zukunft der Arbeit (IZA) ergibt sich ein zukünftiger Arbeitskräftebedarf vor allem im Gesundheitsbereich, bei Werkzeugmachern, Technikern des Elektrofachs und sonstigen Technikern (vgl. BAMF, 2004, S. 197). Es ist zu erwarten, daß private Pflegedienste zukünftig interkulturell kompetent ausgebildetes Personal benötigen. Hier könnte sich eine gute Ausbildungschance für Jugendliche mit Migrationshintergrund eröffnen.

[31]Ein wichtiges Ausschlußkriterium bei der Vergabe der Ausbildungsplätze ist „unangemessenes Benehmen", das ein Teil der Jugendlichen mit Migrationshintergrund während eines Bewerbungsgespräches aufzeigt (vgl. Erdinger, 2006, S. 26). Erving Goffman merkt hierzu an, daß „die Nichtaufrechterhaltung der vielen kleineren Normen, die in der Etikette unmittelbarer Kommunikation wichtig sind, auf die Akzeptierbarkeit des Unterlassers in sozialen Situationen einen sehr durchdringenden Effekt haben kann" (Goffman, 1975, S. 159). Unangemessenes Benehmen interpretieren Personalchefs und Firmenleitungen als „desintegriert" und „autoritätsresistent" und führt deshalb zur Absage an den betreffenden Ausbildungsplatzbewerber (vgl. Erdinger, 2006, S. 26).

[32]Soziale Rolle: „Ein Bündel normativer Verhaltenserwartungen, die von einer Bezugsgruppe oder mehreren Bezugsgruppen an Inhaber bestimmter sozialer Positionen herangetragen werden. Rollen sorgen für regelmäßiges, vorhersagbares Verhalten als Voraussetzung für kontinuierlich planbare Interaktionen und erfüllen somit eine allgemeine soziale Orientierungsfunktion" [...] „Jeder Rolleninhaber folgt je nach Position im Sozialsystem spezifischen Normen, die in ein umfassendes, gemeinsames Wertesystem integriert sind und trägt durch sein rollengemäßes Verhalten zur Wertverwirklichung und zur Systemerhaltung bei" (Schäfers, 2003, S. 291).

fig über implizite Fertigkeiten in Form spezieller sozialer Kompetenzen, die in Zusammenhang mit der eigenen Migrationserfahrung stehen. Diese Kompetenzen gilt es bei der Ausbildungsplatzsuche als „informelle Qualifikation" einzusetzen, um eventuell minderqualifizierte oder fehlende Bildungszertifikate zu kompensiern.

Ein wichtiger Punkt bei der beruflichen Beratung Jugendlicher ist es, ein realistisches Selbstbilde zu schaffen. Weder der Appell an ein Überlegenheitsgefühl der Jugendlichen mit türkischem Migrationshintergrund über ihre deutsche Altersgruppe[33] noch die Reduzierung der tatsächlichen Leistungsfähigkeit des Einzelnen auf die (fragliche) Aussagekraft eines Abschlußzeugnisses führen zu einer sozialen Integration in das Berufsbildungssystem in der BRD.

5.5 Arbeitsmarktsegmentation

Da Angebot und Nachfrage die marktwirtschaftlichen Grundlagen für die Verteilung der zur Verfügung stehenden Ausbildungsplätze darstellen, erhöhen sich die Chancen für den Einzelnen umso mehr, je weniger Mitbewerber vorhanden sind. Konträr zu dieser Erkenntnis verteilten sich 2006 insgesamt 62,8% aller ausländischen Auszubildenden auf 20 Ausbildungsberufe.[34] Die verbliebenen 37,2% aller ausländischen Auszubildenden verteilten sich auf die restlichen ca. 320 anerkannten Ausbildungsberufe (vgl. DESTATIS, c). Durch die Konzentration auf ein eng begrenztes Berufsspektrum herrscht ein zusätzlicher starker Konkurrenzdruck um die angebotenen Ausbildungsplätze. Die Mehrzahl dieser 20 Ausbildungsberufe ist durch einen deutlichen Bewerberüberhang gekennzeichnet. Insbesondere bei Berufen wie Einzelhandelskaufmann, Bürokaufmann, Kraftfahrzeugmechatroniker, Verkäufer, Arzthelfer und Friseur fällt der Bewerberüberhang ausnehmend groß aus (vgl. BIBB, 2006). Dies sind jedoch Branchen, für die sich Jugendliche mit türkischem Migrationshintergrund bevorzugt bewerben. Sie müßen daher mit teilweise schulisch deutlich besser qualifizierten deutschen Jugendlichen um die angebotenen Ausbildungsplätze konkurrieren.

2005 wurden die meisten Jugendlichen mit türkischem Migrationshintergrund in einem gewerblich-technischen Ausbildungsberuf ausgebildet (7.607), Platz 2 belegte das Elektro- und Metallhandwerk (3.265) und Platz 3 die Gesundheits- und Körperpflege-, chemische und Reinigungshandwerke (2.196) (vgl. ZDH, 2005). Jugendliche mit türkischem Migrationshintergrund fanden in erster Linie einen Ausbildungsplatz in Industrie und Handel, an zweiter Stelle im Handwerk und an dritter Stelle in den Freien Berufen (Ärzte, Apotheker, Rechtsanwälte, Notare usw.) (vgl. BMBF, 2006b, S. 114).[35]

In den Freien Berufen können Auszubildenden mit Migrationshintergrund außer der schulisch-formalen auch non-formale Bildung wie kulturelles Hintergrundwissen oder bilinguales Sprachpotential zur Beschaffung eines Ausbildungsplatzes einsetzen. Einige Ausbildungsplätze sind konfessionell gebunden (zum Beispiel im Sozialbereich) und damit für Jugendliche mit türkisch-islamischem Migrationshintergrund oftmals nicht offenstehend oder von diesen auch nicht gewünscht. Auch nach der Berufsausbildung („Zweite Schwelle") haben Jugendliche mit türkischem Migrationshintergrund einen schwierigeren Zugang zum ersten Arbeitsmarkt als Deutsche oder andere Migrantengruppen (vgl. Damelang u. Haas, 2006, S. 3).

---

[33]Laut Auffassung von Andreas Hieronymus/Jörg Hutter steckt in Migratenjugendlichen ein bisher unentdecktes Potential, das sie erst selbst erkennen und schätzen lernen müßen: „Sie müssen erfahren können, daß sie ihren deutsch sozialisierten Altersgenossen oftmals hinsichtlich ihrer sprachlichen Kompetenz (Kenntnisse in meist drei statt zwei Sprachen), ihres Selbstbewußtseins (stärkere Gruppenidentifikation) und ihres Umgangs mit Ausgrenzung und Konflikten (Hinterfragen von Stereotypisierung) überlegen sind" (Hieronymus u. Hutter, 2006, S. 10).

[34]2006 waren die drei am häufigsten von ausländischen Auszubildenden besetzten Berufe Friseur (7,4%), Kaufmann im Einzelhandel (7,0%), medizinischer Fachangestellter 5,3% (vgl. DESTATIS, c).

[35]2005 lernte jede vierte deutsche und mehr als jede fünfte türkische Auszubildende den Beruf „Bürofachkraft", auf Platz 2 folgt die Sprechstundenhelferin (12% der Deutschen/ca. 15% aller Türkinnen), gefolgt auf Platz 3 von Verkäuferin und Friseurin (vgl. Damelang u. Haas, 2006, S. 2). Bei den männlichen Jugendlichen ist dagegen die Liste der häufigsten Ausbildungsberufe für Deutsche und Türken ausgesprochen analog (ebd.).

	Deutsche	Türkischer Migrationshintergrund	Sonstige Migranten
Arbeitslos	30,8%	40,1%	33,2%
Beschäftigt (Vollzeit/Teilzeit)	64,3%	54,3%	61,4%
Geringfügig Beschäftigt (Praktikant/Volontär)	1,8%	2,8%	2,2%
Weitere Ausbildung / Zusatzqualifikation	2,8%	3,1%	2,9%

Abbildung 5.2: Status der Jugendlichen nach der (ungeförderten) Ausbildung 2002 (Anteile in %). (Quelle: Damelang u. Haas 2006, S. 3; Eigene Darstellung)

Laut IAB haben junge Türken sowohl im Vergleich zu Deutschen als auch gegenüber anderen Migranten schlechtere Berufsperspektiven (vgl. Damelang u. Haas, 2006, S. 1). 64,3% der deutschen und 61,4% der sonstigen Migranten fanden direkt nach der Berufsausbildung eine Vollzeit- oder Teilzeitbeschäftigung, bei den Jugendlichen mit türkischem Migrationshintergrund lag dieser Anteil bedeutend niedriger mit 54,3% (Abbildung 5.2).

Es bedeutet für die späteren Erwerbsschancen im erlernten Beruf eine bedeutsame Weichenstellung, in welchem Arbeitsbereich und in welchem Beruf die Ausbildung erfolgreich absolviert wurde. Hierbei ist festzustellen, daß Jugendliche mit Migrationshintergrund vor allem in weniger attraktiven Berufen einen Ausbildungsplatz finden. Hier sind die Übernahmechancen nach der Ausbildung gering, das Arbeitsplatzrisiko hoch und die Zukunftsaussichten (beruflicher Aufstieg, Verdienst) stellen sich deutlich schlechter dar, als dies in anderen Berufen der Fall ist. Mit 40,1% lag der Anteil arbeitsloser Jugendlicher mit türkischem Migrationshintergrund direkt nach der Ausbildung vermutlich auch deshalb deutlich über dem Anteil der anderen Jugendlichen mit Migrationshintergrund (33,2%) oder dem Anteil deutscher Jugendlicher (30,8%) (vgl. Damelang u. Haas, 2006, S. 3).

5.6 Spezifische Arbeitsmarktdiskriminierung

Nach Auffassung von Gieß-Stüber/Grimminger wächst die Wahrscheinlichkeit der Abwehr in der Gesellschaft dort, wo die Kluft zwischen Bewältigungsfähigkeit und Fremdheitszumutung zu breit wird (vgl. 2006, S. 19). Unter dieser Voraussetzung kann bereits der Migrationshintergrund ansich einen Erklärungsfaktor für den geringen Zugang von Bewerbern mit Migrationshintergrund zu einer Ausbildung im dualen System verkörpern. Spezifische Sozialisationserfahrungen eines Teils der Jugendlichen mit türkischem Migrationshintergrund können deshalb auch die Verinnerlichung einer negativen Fremdzuschreibung bzw. Stigmatisierung enthalten.

Zwischen 1994 und 2005 sank der Anteil der nicht-deutschen Auszubildenden von 9,8% auf 4,4% (vgl. BMAS, 2006).[36] Innerhalb der Gruppe der jungen Migranten differieren nach Erkenntnissen von Birgit Reißig/Nora Gaupp die Übergangsquoten in eine Ausbildung in erheblichem Maße, wobei sie bei den in der Türkei geborenen Jugendlichen besonders niedrig ist (2006: 45%/2005: 30%/2004: 7%) und damit deutlich unter der Übergangsquote aller Jugendlicher ohne Schulabschluß (2006: 54%/2005: 45%/2004: 22%) liegt (vgl. Reißig u. Gaupp, 2007, S. 13). Diese Jugendlichen bilden eine besondere Risikogruppe in der BRD. Der türkische Migrationshintergrund hat damit einen stärkeren Einfluß auf die Ausbildungsquote als ein fehlender Hauptschulabschluß.

Nach Auffassung von Ursula Boos-Nünning werden insbesondere Jugendlichen mit türkischem Migrationshintergrund störende Sozialisationsfaktoren und durch sie bedingtes Verhalten unterstellt, ebenso wie auch unzureichende Kenntnis der deutschen (Betriebs-) Kultur und das Fehlen

---

[36]Zwar sank auch deren Anteil an Absolventen der allgemein bildenden Schulen, dieser Rückgang fiel jedoch deutlich geringer aus (1994: 9,8%/2004: 8,6%) (vgl. BMAS, 2006).

von Fertigkeiten, die außerhalb der Bildungsinstitutionen erworben werden (vgl. 2006, S. 5). Aufgrund der Zugehörigkeit dieser Bewerber zu einer anderen Kultur erwartet ein Teil der Arbeitgeber spezifische Schwierigkeiten wie beispielsweise Überziehung des Urlaubs, Verweigerung von Tätigkeiten, Nichtakzeptanz von Arbeitszeiten, insbesondere bei Mädchen und jungen Frauen (ebd.). Vor allem in handwerklichen Kleinbetrieben herrschen Bedenken, daß Auszubildende mit türkischem Migrationshintergrund von den Kunden nicht akzeptiert werden. Nachdem bereits heute jeder Fünfte in Deutschland selbst Migrationshintergrund hat, dürfte diese Befürchtung in den nächsten Jahren weniger relevant für die Nichtvergabe von Ausbildungsplätzen an Jugendliche mit Migrationshintergrund werden. In einigen Freien Berufen stellt heute aufgrund der bilingualen Kommunikationskompetenz die ethnische Zugehörigkeit der ausländischen Ausbildungsplatzbewerber ein Präferenzkriterium dar.

Jugendliche mit türkischem Migrationshintergrund scheinen innerhalb der zweiten Zuwanderergeneration der ehemaligen Arbeitsmigranten eine Sonderrolle einzunehmen, denn „während die schlechteren Positionierungen der Nachkommen anderer ehemaliger Arbeitsmigranten weitgehend durch formale Bildungsqualifikationen zu erklären sind, bleiben für die türkischen Jugendlichen auch unter deren Kontrolle in der Regel erhebliche Nachteile bestehen" (Kalter, 2006, S. 144). Diese Rolle ist nach Meinung von Frank Kalter gleich auf mehreren Ebenen manifestiert. So unterscheiden sich türkische Jugendliche deutlich von anderen Migrantengruppen und von Deutschen ohne Migrationshintergrund hinsichtlich

- eines deutlich niedrigeren Schulniveaus als die anderen Gleichaltrigengruppen

- eines deutlich niedrigeren Ausbildungsniveaus als die anderen Gleichaltrigengruppen

- einer deutlich niedrigeren schulischen Vorbildung der Väter (im Vergleich zur deutschen Gleichaltrigengruppe)

- einer deutlich niedrigeren beruflichen Stellung der Väter (auch im Vergleich zu anderen Jugendlichen mit Migrationshintergrund)

- der signifikant geringeren deutschen Sprachkenntnisse als dies bei andere Jugendlichen nichtdeutscher Herkunft der Fall ist

- eines deutlich geringeren Ausmaßes an Freundschaftsbeziehungen zu Deutschen (vgl. Kalter, 2006, S. 152).

Laut Boos-Nünning findet zunehmend ein „Screening" der Ausbildenden statt beim Zugang in eine Ausbildung im Sinne von Entscheidungen, „denen Hypothesen über die Produktivität des oder der Auszubildenden zugrunde liegen" (2006, S. 5).[37] Auch die Konzentration der Jugendlichen mit Migrationshintergrund auf die weniger nachgefragten Berufe ist nach Auffassung von Mona Granato eine Folge von Ausgrenzung und Diskriminierung respektive von Desinteresse seitens der Betriebe und der Verwaltungen (vgl. 2003, S. 476).

Diskriminierung in Form von Vorurteilen und Ungleichbehandlung, die direkt in der ethnischen Zugehörigkeit begründet ist, stellt eine weit verbreitete Annahme dar und gilt oft als einziger Grund für die beobachtete Sonderstellung der Jugendlichen mit türkischem Migrationshintergrund. Auf die unterschiedlichen Perspektiven der Vorurteils- bzw. Einstellungsforschung im Hinblick auf das GMF-Syndrom (Gruppenbezogenes Menschenfeindlichkeits-Syndrom) mit dem Einstellungskonstrukt aus

---

[37] Arbeitskräfte werden bevorzugt, die über möglichst viele kostengünstige Merkmale wie adäquater Bildungsabschluß oder Testergebnisse sowie Passgenauigkeit für das fachliche und persönliche Profil für die Arbeitsstelle und für den Betrieb verfügen. Außerdem werden Gruppenmerkmale wie Geschlecht, ethnische Zugehörigkeit oder Wohnbezirk zum Screening verwandt (vgl. Boos-Nünning, 2006, S. 5).

Fremdenfeindlichkeit, Islamphobie, Etabliertenvorrechte oder auch Vorurteilen gegenüber Ausländern weisen Aribert Heyder/Anna Kaczmarek hin (vgl. Heyder u. Kaczmarek, 2007, S. 27). An dieser Stelle kann darauf jedoch nicht näher eingegangen werden.

Bildungszertifikate für sich alleine betrachtet können nicht das ausschlaggebende Moment zur Nichtvergabe von Ausbildungsplätzen an Jugendliche mit Migrationshintergrund sein, denn bei gleichem Schulabschluß fand 2003 beinahe die Hälfte (43%) der deutschen Hauptschul- bzw. Sonderschulabsolventen einen Ausbildungsplatz und etwa ein Viertel (23%) der Jugendlichen mit Migrationshintergrund. Die Annahme, daß sich die Differenz mit einem höheren Bildungsabschluß wieder aufheben würde, erweist sich als Trugschluß, denn bei Absolventen mit Realschulabschluß erhöhte sich die Diskrepanz: Während von den deutschen Bewerbern mit Realschulabschluß 61% einen Ausbildungsplatz erhielten, war dies bei 24% der Jugendlichen mit Migrationshintergrund der Fall. Während sich bei den deutschen Bewerbern die Chance auf einen Ausbildungsplatz mit zunehmender schulischer Qualifizierung verbesserte, stiegen die Aussichten von Bewerbern mit Migrationshintergrund deutlich weniger an (Dif. 1%). Damit sind die Chancen eines Realschulabsolventen mit Migrationshintergrund, einen Ausbildungsplatz zu erhalten, nur minimal höher als die eines Hauptschulabsolventen mit Migrationshintergrund (Bundesregierung, 2005, S. 39).

Weiterhin kann angenommen werden, daß Arbeitgeber solche Bewerber bevorzugen, die sie aufgrund der eigenen ethnischen Zugehörigkeit besser einschätzen können (vgl. Kalter, 2006, S. 146). Um Risiken wie Ausbildungsabbruch, schlechte Ausbildungs- oder Berufsschuleistungen, mangelnde Betriebsintegration oder Prüfungsversagen bei der Einstellung jugendlicher Ausbildungsplatzbewerber vorzubeugen, macht es für den Arbeitgeber Sinn, die auf die Ethnie bezogene Gruppeneinschätzung auf den individuellen ausländischen Ausbildungsplatzbewerber zu übertragen. Dabei sind Türken laut Kalter von allen Arbeitsmigranten nach wie vor den stärksten Vorurteilen ausgesetzt (vgl. 2006, S. 145). Generell besitzen Arbeitgeber nur unvollständige Informationen über die Leistungsfähigkeit zukünftiger Auszubildenden. Um einen Vergleichswert herzustellen, ziehen Ausbildende bekannte Werte der gesamten ethnischen Referenzgruppe in der BRD als Anhaltspunkt für die zu erwartende Leistungsfähigkeit des Bewerbers heran. Der Gruppenmittelwert dient dabei als Einschätzhilfe. Da diese generalisierte Einschätzung nicht dem tatsächlichen Leistungspotential des jeweiligen Ausbildungsplatzbewerbers entsprechen muß, stellt sie eine individuelle Benachteiligung dar und keine Gruppenbenachteiligung (vgl. Kalter, 2006, S. 146).

Nach Ansicht von Mona Granato stellen sowohl die speziell in Großunternehmen üblichen Einstellungstests und Kompetenzfeststellungsverfahren als auch die Vorurteile von Personalchefs, vor allem gegenüber jungen Menschen türkischer Nationalität, ein gravierendes Ausbildungshemmnis dar (vgl. 2001). Bei einer regionalen Befragung gaben 17% der befragten Unternehmer an, daß sie Hindernisse sehen, Nicht-Deutsche einzustellen.[38] Als Begründung, warum die Betriebe (auch ausländische Betriebe) ausländische Ausbildungsplatzbewerber *nicht* eingestellt haben, nannten sie Defizite hinsichtlich der Deutschkenntnisse (32,2%), der Bewerbung (14,6%), der sozialen Qualifikation (8,6%) und auch bürokratische Hemmnisse (7,9%)[39] (vgl. Schmid u. Knobel, 2004, S. 8). Es bleibt die Frage zu klären, ob nicht auch spezifische Persönlichkeitsmerkmale der Jugendlichen mit

---

[38]Befragung des Instituts für Wirtschaft, Arbeit und Kultur in Frankfurt am Main, Offenbach am Main, Main-Taunus-Kreis und Kreis Offenbach im Frühjahr 2004 im Rahmen des Projektes M.A.R.E. (vgl. Schmid u. Knobel, 2004, S. 7).

[39]In der BRD findet im Gegensatz zu den Herkunftsländern der meisten Jugendlichen mit Migrationshintergrund eine Berufsausbildung überwiegend im dualen System statt. Die Auszubildenden (respektive bei Minderjährigen ihre gesetzlichen Vertreter) schließen mit dem Ausbildungsbetrieb einen Ausbildungsvertrag ab, bei dem auch § 10(2) BBiG („Auf den Berufsausbildungsvertrag sind [...] die für den Arbeitsvertrag geltenden Rechtsvorschriften und Rechtsgrundsätze anzuwenden") gilt (BMBF, 2005c). Auszubildende sind demnach Beschäftigte in beruflicher Ausbildung. Daraus resultiert, daß nicht-deutsche Jugendliche vor der Aufnahme eines Ausbildungsverhältnisses eine Arbeitserlaubnis benötigen, die zur Aufnahme eines Ausbildungsverhältnisses erteilt wird (vgl. Beger, 2000, S. 70).

türkischem Migrationshintergrund zu einer Marginalisierung bei den Bewerbungsgesprächen führen. Außer den Schulnoten, Schulformen und Abschlußarten können überdies noch vermutete Aspekte wie Inländerprivilegierung, Rekrutierungsnetzwerke über Firmenangehörige, Sympathie oder Antipathie gegenüber den Bewerbern als Selektionskriterien auftreten. Ebenso können Vorurteile gegenüber der Persönlichkeit des Jugendlichen mit Migrationshintergrund oder auch dessen Familienverhältnisse Einfluß auf die Vergabeentscheidung haben (vgl. Imdorf, 2006). Für Faruk Sen steht fest, daß sich speziell türkische Jugendliche häufiger als andere Jugendliche mit Migrationshintergrund sozialer, rechtlicher und politischer Benachteiligung gegenüber deutschen Jugendlichen ausgesetzt sehen (vgl. 1994, S. 43). Türkische Jugendliche nehmen subjektiv Diskriminierung auf einem hohen Niveau wahr (vgl. Imdorf, 2006).

Im Ergebnis kann festgestellt werden, daß nicht nur die in den Medien populär vertretene Diskriminierungsannahme als alleinige Ursache für die beobachtete Sonderstellung der Jugendlichen mit türkischem Migrationshintergrund hinsichtlich der Ausbildungsplatzvergabe zu werten ist. Bei kausalanalytischer Betrachtung ergibt sich ein deutlicher Hinweis darauf, daß sich ihre besondere Stellung insbesondere durch den Mangel an unterstützenden Sozialressourcen, durch die spezifische ethnische Zusammensetzung der Freundschaftsnetzwerke und insbesondere durch unzureichende deutsche Sprachkenntnisse erklären lassen.

Das Wissen um diese Zusammenhänge ist für Berufspädagogen von voraussetzendem Interesse, da auf dieser Grundlage in Bildung, Ausbildung und Weiterbildung optimierte Initiativen zur Ursachenbekämpfung der beobachteten Benachteiligungen ergriffen werden können. Bei dem aufgrund der demographischen Entwicklung zu erwartenden zukünftigen Rückgang der deutschen Bewerberzahlen um einen Ausbildungsplatz ist zu vermuten, daß sich durch die eingeschränkte Konkurrenz durch deutsche Mitbewerber die Chancen für Jugendliche mit türkischem Migrationshintergrund auf einen Ausbildungsplatz im dualen System verbessern könnten. Allerdings werden „heute wie früher die Gründe für das Scheitern der jungen Ausländer auf dem Ausbildungsstellenmarkt in der Person des Jugendlichen gesucht (schlechtere Schulabschlüsse, unzureichende Sprachkenntnisse, falsche Berufswahl, mangelndes Interesse etc.)" (Beer-Kern, 2005, S. 22). Dabei haben jugendliche Migrantinnen und Migranten auch einen entscheidenden Wissensvorsprung, der in der Regel jedoch „weder gesehen noch anerkannt" wird (ebd.).

Insgesamt betrachtet weist die aufgezeigte - eher am Individuum denn an einer institutionellen oder gesellschaftlichen Fehlleistung orientierte - Problemanalyse kumulative Residuen auf, die die Chancen für Jugendliche mit türkischem Migrationshintergrund auf eine gehobene berufliche Position in der bundesdeutschen Leistungsgesellschaft einschränken. Laut der stellvertretenden GEW-Vorsitzenden, Marianne Demmer, muß deshalb prioritäres Ziel die Schaffung neuer Ausbildungsplätze sein, um der zunehmenden Segmentierung der Jugendlichen mit Migrationshintergrund durch positive Berufsperspektiven entgegenzuwirken (GEW, 2006).[40]

---

[40]Nach Auffassung von Marainne Demmer ist nichts schlimmer „[...] als junge Menschen in die Resignation zu treiben und ihnen das Gefühl zu vermitteln, sie könnten trotz aller Anstrengungen nicht ‚ihres Glückes Schmied' sein. Das bereitet den Nährboden für Radikalisierung und Ethnisierung sozialer Probleme" (GEW, 2006).

6 Ausbildungsrelevante Unterstützung für Jugendliche mit Migrationshintergrund

6.1 Fachspezifisches Sprachtraining durch Blended Learning

Es ist nicht immer leicht, zu erkennen, daß ein Teil der Jugendlichen mit Migrationshintergrund, der in der BRD in der zweiten oder dritten Generation aufgewachsen und hier das Bildungssystem durchlaufen hat, noch Sprachprobleme aufweist, da ihre Deutschkenntnisse zumeist für die Alltagskommunikation und für die fachpraktische betriebliche Ausbildung ausreichend sind. Ihre Probleme beim Verständnis des fachtheoretischen Unterrichts in der Berufsschule werden deshalb häufig erst zu spät erkannt (vgl. Beer-Kern, 2005, S. 25).

Da es für eine betriebliche Berufsausbildung keine formalen Zugangsvoraussetzungen gibt, kann sich die Gesamtheit der Auszubildenden eines Betriebes theoretisch für ein und denselben Ausbildungsberuf aus den unterschiedlichen Schulformen rekrutieren, was sich später wieder unter anderem in den Leistungen in der Berufsschule niederschlagen kann. Das dreigliedrige Schulsystem trennt meist nach der vierten Grundschulklasse die Schülerschaft und verteilt sie auf die unterschiedlichen weiterführenden Schulformen. In der Berufsschule werden wieder die Absolventen aller Schulformen in einer Klassengemeinschaft vereint. Infolge dessen haben Jugendliche mit Migrationshintergrund in der Berufsschule Mitschüler aus allen Schulformen, so daß sprachliche Schwierigkeiten umso stärker zum Tragen kommen können. Da Ausbildende nach dem Berufsbildungsgesetz BBiG verpflichtet sind, dafür zu sorgen, daß den Auszubildenden die berufliche Handlungsfähigkeit vermittelt wird, welche zum Erreichen des Ausbildungsziels erforderlich ist,[1] sehen sie diese Verpflichtungserfüllung möglicherweise von vornherein aufgrund der erwarteten Sprachschwierigkeiten in der Berufsschule gefährdet. Sie bevorzugen deshalb muttersprachlich deutsche Ausbildungsplatzbewerber oder Bewerber mit sehr guten bis guten Deutschkenntnissen. Berufsschulklassen in speziellen Ausbildungszweigen (wie z.B. im kaufmännischen Bereich) sind in ihrer schulischen Vorbildung verhältnismäßig homogen mit überwiegend Realschülern und Abiturienten besetzt.[2]

Nach Auffassung von Dagmar Beer-Kern ist der Ausbau einer ausbildungsbegleitenden sprachlichen Förderung Jugendlicher auch bei guter Gemeinsprachkompetenz als Vermittlung zwischen fachlichen Anforderungen der Praxis und der Theorie (Fachtheorie in der Berufsschule) sowie zur sprachlichen Auflösung von Fachtexten notwendig (vgl. 2005, S. 23). Hierbei wird deutlich, daß Mehrsprachigkeit nicht alleine für sich als Qualifikationsvorteil der Jugendlichen mit Migrationshintergrund zu sehen ist, sondern daß *die Qualität der Mehrsprachigkeit*, insbesondere von Deutsch als Fremdsprache, von eminenter Bedeutung bei der Vergabe der Ausbildungsplätze ist. Das von Beer-Kern als zu hoch eingeschätzte sprachliche und fachliche Anforderungsniveau vieler fachtheoretischer Lehrwerke, die in der Berufsschule verwendet werden, wäre bei guten Deutschkenntnissen für Jugendliche mit Migrationshintergrund nur noch in dem Maße eine Schwierigkeit, wie dies auch auf ihre deutschen Mitschüler zutrifft (vgl. 2005, S. 25).

Die vergleichsweise hohe Abbrecherquote der Jugendlichen mit Migrationshintergrund im Handwerk wird auch im wesentlichen Zusammenhang mit mangelnder deutscher Sprachkompetenz aber auch in der „oft fehlenden Alphabetisierung in der mitgebrachten Sprache" gesehen (Wehnert, 2006,

---

[1] BBiG Abschnitt 2 (Berufsausbildungsverhältnis) Unterabschnitt 3 (Pflichten der Ausbildenden) §14 (1) 1 (BMBF, 2005c).

[2] 2004 hatten 15,3% aller Jugendlichen mit neu abgeschlossenem Ausbildungsvertrag im dualen System eine Hochschulzugangsberechtigung vorzuweisen (ABL: 15,8%/ NBL: 13,6%) (vgl. BMBF, 2006b, S. 105). Etwa die Hälfte von ihnen konzentrierte sich fast ausschließlich auf kaufmännische Berufe und Büroberufe (ebd.).

S. 23). Um sich im handwerklichen Fachbereich adäquat artikulieren zu können, kommen zu den deutschen Ausdrücken die Begriffe der Fachsprache[3] des jeweiligen Berufs hinzu inklusive deren grammatikalischer Besonderheiten, die i.d.R. in der Alltagssprache nicht angewendet werden. Um die fachsprachliche Erweiterung zu erlernen sind Verständigungsfähigkeit in der deutschen Alltagssprache sowie Grundkenntnisse der deutschen Grammatik Voraussetzung. Im technisch-gewerblichen Bereich des Handwerks erfolgt die Hilfestellung für Jugendliche mit Migrationshintergrund unter anderem auch in Form von selbst organisiertem Lernen als Web Based Training (WBT) mit tutorieller Unterstützung sowie mit Präsenzunterricht („Blended Learning") in Kursen im Modulsystem, welche auf die meistbelegten Ausbildungsgänge im Handwerk (KFZ-, Elektro-, Metallbranche) ausgerichtet sind. Die Teilnehmer werden in den Präsenzphasen nach Lernbiographie und beruflicher Zielsetzung differenziert betreut. Die Module sind in ein Lernmanagementsystem integriert, um ein kooperiertes Arbeiten zu ermöglichen[4] (vgl. Wehnert, 2006, S. 24). Die handlungsorientierten Lernangebote dieses WBT werden in neun Module eingeteilt.[5] Innerhalb eines Zeitrahmens von zwei bis drei Monaten beträgt die Kursdauer etwa 80 Stunden[6], wobei mindestens 40 Stunden auf WBT entfallen sollen.

Die Möglichkeit, sich auf diesem selbstbestimmten aber auch Eigenverantwortung und Disziplin abfordernden Weg eine berufsbezogene Fachsprache anzueignen, stellt sicher eine gute Ergänzung und Hilfestellung zur betrieblichen Ausbildung dar. Allerdings ist zu berücksichtigen, daß die meisten Auszubildenden im Handwerk in KMUs ausgebildet werden. Es besteht hier vermutlich aus personellen, zeitlichen und technischen Gründen wenig oder keine Gelegenheit für Auszubildende, arbeitsbegleitend WBT-Lernen zu praktizieren. Ein verhältnismäßig hoher Prozentsatz der Auszubildenden im Handwerk hat keinen Schulabschluß oder Hauptschulabschluß. Für diesen Personenkreis ist selbstbestimmtes und selbstverantwortliches Lernen vermutlich bisher nicht von tragender Bedeutung in ihrem Leben gewesen. Sie müßen den disziplinierten Umgang mit der eigenverantwortlichen Wissensaneignung erst noch lernen. Unter Berücksichtigung des Alters der Auszubildenden im Handwerk, direkt nach dem Hauptschul- oder Realschulabschluß, steht auch die Vermutung im Raum, daß zusätzliches Lernen für die Berufsausbildung in der Freizeit nicht den Vorstellungen der Jugendlichen entspricht. Hier dürfte wieder die Erkenntnis zutreffen, daß Zusatzausbildungen oder Weiterbildungsmaßnahmen bevorzugt von Personen wahrgenommen werden, die bereits eine höhere Bildung aufweisen. Für Einzelne mag das WBT eine ausgezeichnete Chance darstellen, sich fachsprachliches Wissen anzueignen und zu erweitern und damit die Berufsausbildung und die Berufsschule einfacher zu gestalten. Für die Mehrheit der Auszubildenden mit Migrationshintergrund könnte ohne permanente Motivationsleistung seitens des Betriebs oder der Ausbilder aus den aufgezeigten Gründen die Teilnahme am WBT vermutlich weniger erfolgreich verlaufen.

Um berufsbezogene Sprachförderung als Maßnahme zur Stärkung der berufsbezogenen Sprachkompetenz effektiver einsetzen zu können, wird in der ESF-Förderperiode 2007-2013 geprüft werden, ob entsprechende Maßnahmen zielgruppenorientiert ausgerichtet (z.B. bei Jugendlichen als sprachliche

---

[3]„Fachsprachen sind Varianten der natürlichen Einzelsprache. Sie zeichnen sich durch eine spezielle Lexik, durch eine spezielle Auswahl aus der Grammatik und durch die Verwendung spezieller Textsorten aus. Sie dienen als Mittel der fachlichen Kommunikation, als Instrument des begrifflichen Denkens, als Medium der Fixierung und Tradierung fachlichen Wissens sowie als eine besondere Form des fachlichen Handelns" (Wehnert, 2006, S. 23).

[4]Unter anderem in Foren, im Chat, per Email, durch Konferenzsysteme (virtual classroom).

[5]Drei Grundlagenmodule für die allgemeine technische Fachsprache ATF Modul 1: Fachbegriffe (d.h. Vokabular bzgl. Werkzeuge, Geräte usw.), ATF Modul 2: Erschließen von Fachtexten (d.h. realitätsnahe fachsprachliche Situationen), ATF Modul 3: Besondere Fachtextsorten (d.h. Arbeitsauftrag, Vorschriften, Berichte). Diese werden durch jeweils zwei fachspezifisch ausgerichtete Module (zum Beispiel Metall Modul 1: Fachbegriffe, Metall Modul 2: Fachbuch und berufliche Kommunikation) erweitert (vgl. Wehnert, 2006, S. 24).

[6]Die Kurse setzen sich aus *Präsenzphasen* (etwa 40 Stunden), in denen fachspezifische Problemfelder in Bezugsetzung zum Berufsalltag und zum Berufsschulunterricht behandelt werden, *dem selbstorganisierten Lernen* im Internet mit gemeinsamen kooperativen Phasen und gemeinsamen Konferenzen mit einem Zeitaufwand von etwa einer Stunde pro Woche sowie *der Bearbeitung zusätzlicher Arbeiten* zusammen (vgl. Wehnert, 2006, S. 25).

Unterstützung bei ausbildungbegleitenden Hilfen) einsetzbar sind (vgl. BMAS, 2006).

6.2 Non-formale Förderung der Ausbildungsreife durch das Training im Kampfsportverein

Ausbildungsreife[7] gilt als zentrale Voraussetzung für die Integration in eine Ausbildung (vgl. BMAS, 2006). Laut einer IHK-Befragung von 2006 gab die Mehrheit (61%) der befragten Unternehmer an, daß eine bessere schulische Vorbildung der Ausbildungsplatzbewerber sowie finanzielle und steuerliche Anreize für die Unternehmen zur Schaffung von mehr Ausbildungsplätzen führen würde (vgl. 2006, S. 6). Aus Sicht der Lehrstellenbewerber muss man heute jedoch „geradezu perfekt sein, um eine Ausbildungsstelle zu bekommen" (Eberhard u. a., 2005, S. 10).

Auf der Suche nach Gründen für die starke Ausweitung des Übergangssystems und den Rückgang des dualen Systems wird in der Öffentlichkeit insbesondere die Krise des Ausbildungsstellenmarktes angeführt, aber auch, daß die allgemein bildenden Schulen zur *mangelnden Ausbildungsreife* beitragen würden (vgl. BMBF, 2006c, S. 81). Die Wirtschaftsunternehmen beklagen vehement die mangelnde Ausbildungsreife der Bewerber[8]. Im Zuge der o.g. Befragung nannten 49% der Unternehmer an erster Stelle „mangelnde Ausbildungsreife" der Schulabgänger als Ausbildungshemmnis für den Betrieb (vgl. IHK, 2006, S. 6). Schwerpunktmäßig werden schlechte mündliche und schriftliche Ausdrucksweise sowie fehlende grundlegende Rechenfertigkeiten, fehlende Leistungsbereitschaft und mangelnde Motivation beanstandet (ebd.). Um das Fehlbesetzungs- und Versagensrisiko einzugrenzen, wählen Ausbildende bevorzugt Bewerber mit den besten Abschlußzeugnisnoten als Auszubildende aus, wobei diese Form der Eignungsbeurteilung lediglich eine prognostische Aussage darstellt und damit prinzipiell mit Unsicherheiten verbunden ist (vgl. Müller-Kohlenberg u. a., 2005, S. 20). Zudem gehen Betriebe bei der Auswahl ihrer Auszubildenden vor allem von der betriebsspezifischen Ausbildung und nicht vom Beruf selbst aus (ebd.). Das Thema „Ausbildungsreife" wird in Fachkreisen sehr kritisch und kontrovers diskutiert[9]; teilweise wird das Thema in den Medien stigmatisierend behandelt.[10] Laut Anger/Plünnecke/Seyda entstehen für die öffentlichen Haushalte erhebliche Kosten durch die nachschulische Qualifizierung von nicht ausbildungsreifen Jugendlichen; 2004 beliefen sich diese Ausgaben auf 3,4 Milliarden Euro (vgl. Anger u. a., 2007, S. 41).

Vorausetzend ist zu bemerken, daß nur solche Aspekte unter „Ausbildungsreife" subsumiert werden können, die bereits bei Ausbildungsbeginn vorhanden sein müßen (vgl. Ehrenthal u. a., 2006). Die Frage ist jedoch, *welche* Qualifikationen bzw. spezifische Fähigkeiten die Betriebe von den Ausbildungsplatzbewerbern außer den guten Schulnoten als Zugangsvoraussetzung für die Vergabe eines Ausbildungsplatzes erwarten. Durch den anhaltenden Höherqualifizierungstrend in der Wirtschaft wurde auch bei der Neuordnung der Ausbildungberufe versucht, die theoretischen Anforderungen

---

[7]Ausbildungsreife setzt sich aus den Merkmalsbereichen schulische Basiskenntnisse, physische Merkmale, psychologische Leistungsmerkmale, psychologische Merkmale des Arbeitsverhaltens und der Persönlichkeit sowie der Berufswahlreife in Form von Selbsteinschätzungskompetenz und Informationskompetenz zusammen (vgl. Ausbildungsreife, 2006, S. 17).

[8]Deutsche Wirtschaftsunternehmen haben bereits in den 1960er Jahren darüber geklagt, daß mindestens ein Viertel der Lehrlinge „nicht richtig rechnen und schreiben" könne und hatte ihnen unzureichende Ausbildungsreife attestiert (vgl. Ehrenthal u. a., 2006).

[9]2005 waren doppelt soviele Wirtschaftsvertreter (52%) wie andere Experten (26%) der Meinung: „Die hohe Zahl der Jugendlichen ohne Ausbildungsplatz ist auf deren geringe Ausbildungsreife zurückzuführen." Weitgehender Konsens besteht bei den Experten (67%) zudem bei der Aussage: „Erreichter Schulabschluß und Ausbildungsreife sind zwei verschiedene Dinge, die nichts miteinander zu tun haben". Stark konträrer Meinung sind Wirtschaft (10%) und Gewerkschaften (81%) bei der Aussage: "Das Problem der mangelnden Ausbildungsreife wird übertrieben dargestellt" (vgl. Ehrenthal u. a., 2006).

[10]Die jugendlichen Ausbildungsplatzbewerber werden mit Schlagzeilen wie „Generation kann nix" (Die Welt Online vom 21.04.2004), „Arbeitgeber halten Jugend für zu dumm" (TAZ- Online vom 16.02.2005), „Jeder zweite Schüler taugt nicht für die Lehre" (Berliner Zeitung vom 09.08.2005) oder auch „Generation Flop" (Focus vom 19.04.2004) etikettiert (vgl. Ehrenthal u. a., 2006).

in den meisten dualen Ausbildungsberufen den höheren Anforderungen anzupassen, so daß die Betriebe auch aus diesem Grund bei der Auswahl der Ausbildungsplatzbewerber höhere Maßstäbe an deren Vorqualifizierung als früher anlegen (vgl. BMBF, 2006b, S. 165). Viele Ausbildungsberufe haben sich in den vergangenen Jahren (beispielsweise durch computergestützten Maschineneinsatz wie CAD-Maschinen usw.) in kognitiver Hinsicht verändert, so daß die heutigen Ausbildungsplatzbewerber entsprechende Grundvoraussetzungen mitbringen müßen, um das Ausbildungsziel erreichen zu können. Die Wahrscheinlichkeit eines Ausbildungsabbruchs oder mangelnder Leistungsfähigkeit ist umso niedriger, je besser die Unternehmen bei der Bewerberauswahl den Abgleich zwischen deren bereits vorhandenen Qualifikationen und den betrieblichen Anforderungen koordinieren können.

Naturgemäß sind nicht alle Jugendlichen gleichermaßen für jede Berufsausbildung geeignet. Die teilweise sehr speziellen Kompetenzanforderungen sind nur für einige Bewerber von vornherein, für einen Teil der Bewerber erst nach einer Zusatzvorbildung und für viele Bewerber sind sie eventuell nur zum geringen Teil oder gar nicht erfüllbar. Mit der zunehmenden Höherqualifizierung in den allgemein bildenden Schulen verlagert sich die Auslese an die nächste Stufe: Die der Bestenauslese bei der Vergabe von Ausbildungsplätzen. Es ist kritisch zu hinterfragen, ob bei einem Überangebot an Ausbildungsplatzsuchenden, die von Unternehmerseite öffentlich beanstandete „mangelnde Ausbildungsreife" der Ausbildungsplatzbewerber eventuell als Ersatz für den bislang stigmatisierten „Bildungsversager" zum „ausbildungsunreifen Bewerber" zu werten ist. Es ist auch kritisch zu betrachten, inwieweit die als Kriterien der Ausbildungsreife geforderten Kompetenzen nicht ausschließlich auf den Ausbildungsbetrieb zugeschnitten zu verstehen sind und mit dem allgemeinen Können der Jugendlichen nicht unbedingt deckungsgleich sein müßen.[11] Die zunehmende Heterogenität an Schulformen, Schulabschlüssen und Bildungsgängen führt dazu, daß Betriebe Bestenauslese vorrangig nach schulischen Leistungen aber auch nach zusätzlichen berufsrelevanten Vorqualifikationen und Merkmalen der Ausbildungsreife[12] vornehmen. Nach Auffassung von Ute Clement wird heute „die Zukunft der beruflichen Bildung [...] durch zwei gesellschaftliche Entwicklungen maßgeblich geprägt: Durch die Polarisierung der Qualifikationsanforderungen in den Betrieben und die gestiegenen Bildungsansprüche der Jugendlichen" (2003, S. 200).

Bildungsqualifikationen spiegeln lediglich einen Teil des verfügbaren Humankapitals der Ausbildungsplatzbewerber wider. Die Unternehmer stellen besondere Ansprüche in kognitiv-intellektueller und sozialer Hinsicht an die Jugendlichen. Zu den weiteren geforderten Fertigkeiten und Kenntnissen zählen auch die soft skills, wobei die ausbildenden Betriebe über die persönlichen Qualifikationskriterien entscheiden, die die Bewerber als Vorableistung in die Berufsausbildung einzubringen haben.

Unabhängig vom Berufsbild sind laut Müller-Kohlenberg/Schober/Hilke die obligat geforderten Grundvoraussetzungen an die zukünftigen Auszubildenden solche Eigenschaften wie ausgeprägte Leistungsfähigkeit und Motivation, Einsatzbereitschaft, Sozialkompetenz, innovatives Denken, Kreativität und eigenständiges Handeln (vgl. 2005, S. 19). Die neuen Arbeitsanforderungen bedürfen laut Walter R. Heinz auch neuer beruflicher Kompetenzen wie intellektueller Flexibilität (d.h. der Fähigkeit zum schnellen Umdenken bei Veränderungen und neuen Anforderungen), Planungskompetenz (d.h. der Fähigkeit zum logisch-strategischen Problemlösen), technischer Sensibilität (d.h. koordiniertes Funktionswissen, das die Kontrolle und das Eingreifen in den Arbeitsablauf er-

---

[11]„Besonders interessant sind die Positionen der Experten und Expertinnen, die unmittelbar vor Ort in den Betrieben, Schulen und überbetrieblichen Bildungseinrichtungen arbeiten. Von ihnen denkt ein größerer Teil (zwischen 43% und 67%), daß das Thema Ausbildungsreife immer dann an Brisanz gewinnt, wenn es auf dem Lehrstellenmarkt eng wird. Und zwischen 36% (Betriebsvertreter) und 63% (Schulvertreter) sind der Ansicht, daß viele Jugendliche zu Unrecht als nicht ausbildungsreif stigmatisiert würden" (Ehrenthal u. a., 2006).

[12]Nach Auffassung des Expertenkreis Ausbildungsreife „kann eine Person als ausbildungsreif bezeichnet werden, wenn sie allgemeine Merkmale der Bildungs- und Arbeitsfähigkeit erfüllt und die Mindestvoraussetzungen für den Einstieg in die berufliche Ausbildung mitbringt. Dabei wird von den spezifischen Anforderungen einzelner Berufe abgesehen, die zur Beurteilung der Eignung für den jeweiligen Beruf herangezogen werden (Berufseignung). Fehlende Ausbildungsreife zu einem gegebenen Zeitpunkt schließt nicht aus, daß diese zu einem späteren Zeitpunkt erreicht werden kann" (Ausbildungsreife, 2006, S. 13).

möglicht) sowie Verantwortungsbereitschaft (d.h. die Fähigkeit zur selbständigen und zuverlässigen Erfüllung von Arbeitsaufgaben) (vgl. Heinz, 1995, S. 72). Beinahe alle Experten (etwa 94%) erwarten von den Jugendlichen, daß sie deutlicher als bisher Verantwortung für ihr eigenes Leben übernehmen. Dazu gehört vor allem die realistische und kritische Einschätzung der persönlichen Kompetenzen (vgl. Ehrenthal u.a., 2006). Ausbildungsplatzbewerber sollen darüber hinaus als Rüstzeug für die Berufsausbildung über eine positive Einstellung zur Arbeit, Ausdauer, Konzentrationsfähigkeit, Kooperationsfähigkeit und Weiterbildungswillen verfügen. Aufgrund des von Unternehmen zu Unternehmen variierenden Anforderungskataloges an Mindestzugangsvoraussetzungen („erforderliches Minimalniveau") ergibt sich aus Sicht der Ausbildenden zunehmend eine Diskrepanz zwischen den betrieblichen Anforderungen und den vorab bereits vorhandenen Fähigkeiten der Jugendlichen. Finden sich keine Bewerber, die die betriebsinternen qualifikatorischen Anforderungen erfüllen können, so bleiben solche Ausbildungsplätze unbesetzt.

Wie können Jugendlichen mit und ohne Migrationshintergrund „soft-skills" auf non-formaler Basis im Freizeitbereich zur Verbesserung der Ausbildungsreife vermittelt werden? Kampfsportkurse in Judo und Karate sind Teil der Community-Arbeit der türkischen Gemeinden und werden für Kinder und Jugendliche auch in den Moscheen angeboten (vgl. Bundesregierung, 2005, S. 97). Anhand des Beispiels „Gruppentraining im Kampfsport" zeigen sich unter anderem Komponenten der Ausbildungsreife, die während des Trainings internalisiert werden. Auf *psychologische Merkmale des Arbeitsverhaltens und der Persönlichkeit* soll hier weiter eingegangen werden. Dazu zählen insbesondere Durchhaltevermögen und Frustrationstoleranz, Kommunikationsfähigkeit, Konfliktfähigkeit, Kritikfähigkeit (d.h. Fähigkeit zu Kritik und Selbstkritik), Leistungsbereitschaft, Selbstorganisation und Selbständigkeit, Sorgfalt, Teamfähigkeit, Umgangsformen, Verantwortungsbewußtsein und Zuverlässigkeit (vgl. Ausbildungsreife, 2006, S. 42 f.). Soziale Aktivitäten wie die Mitgliedschaft in einem Verein der Aufnahmegesellschaft stellt einen Teil der sozialen Integration dar (vgl. Beger, 2000, S. 11). Es gibt jedoch kaum verfügbares statistisches Datenmaterial über die Vereinsmitgliedschaft von Kindern und Jugendlichen mit Migrationshintergrund, da die meisten Vereine Angaben zum Migrationshintergrund nicht dokumentieren.[13]

Durch das langfristige Training in der Gruppe kann sich bei Jugendlichen mit Migrationshintergrund auch eine Stärkung des Zugehörigkeitsgefühls zur deutschen Gesellschaft entwickeln. Dies und die Tatsache, daß die Jugendlichen durch kampfsportimmanente Trainingsbestandteile unter anderem auch über eine verbesserte Ausbildungsreife verfügen und über den Kontakt mit den deutschen Teilnehmern ihr soziales Netzwerk erweitern, dürfte ihre Chancen auf einen Ausbildungsplatz beträchtlich verbessern. Gleichzeitig lernen die deutschen Kampfsportteilnehmer während des Gruppentrainings andere nationale Mentalitäten als wichtige Voraussetzung für den respektvollen sozialen Umgang miteinander kennen. Kampfsporttraining stellt für Kinder und Jugendliche mit Migrationshintergrund *eine* Möglichkeit dar, gemeinsam mit deutschen Jugendlichen in der Freizeit zu trainieren, Kontakt aufzunehmen und Freundschaften aufzubauen.

Aufgrund der Aussagenanalyse des narrativen Interviews[14] konnten folgende Faktoren identifiziert werden, die durch das Kampfsporttraining ausgebildet oder verstärkt werden und unter anderem

---

[13]Zur Zeit sind schätzungsweise etwa 5-10% der Bevölkerung mit Migrationshintergrund (30% der Deutschen ohne Migrationshintergrund) in deutschen Sportvereinen organisiert (vgl. Bundesregierung, 2005, S. 97). Ein bedeutsamer Einflußfaktor für die Teilhabe am Sport sind sowohl bei Deutschen als auch bei Nicht-Deutschen der Bildungsstand, denn je höher die Bildung bzw. der soziale Status der Familie ist, desto öfter wird in der Freizeit Sport getrieben (ebd.).

[14]Das verwendete narrative Interview wurde am 02.05.2006 von der Autorin mit dem Leiter des Sportzentrums Palermo, Herrn Alfredo Palermo, geführt. A. Palermo wurde 1943 in Italien geboren, kam 1960 zum ersten Mal in die BRD und gründete 1975 sein renomiertes und erfolgreiches Dojo in Ettlingen (Baden-Württemberg). Seit der Gründung trainieren viele Kinder und Jugendliche bzw. junge Erwachsene mit Migrationshintergrund im Sportzentrum. Die Mehrzahl der Trainer hat selbst Migrationshintergrund. Die sprachlichen Besonderheiten des Interviews wurden aus Authentitätsgründen unkorrigiert in den Text übernommen./Anm. U.P.-F.

bei der Ausbildungsplatzsuche förderlich sein können:

Psychologische Merkmale des
Arbeitsverhaltens und der
Persönlichkeit (Auswahl)

Durchhaltevermögen

Frustrationstoleranz

Kommunikationsfähigkeit

Kritikfähigkeit (Fähigkeit zu
Kritik und Selbstkritik)

Teamfähigkeit

Umgangsformen

Konfliktfähigkeit

Fähigkeiten, die durch
das Kampfsporttraining
vermittelt oder gefördert
werden (Auswahl)

Abbildung 6.1: Förderung der psychologischen Merkmale des Arbeitsverhaltens und der Persönlichkeit durch Gruppentraining im Kampfsport. (Quelle: BMAS, 2006, S. 42f. und Interviewanalyse Kampfsport; Eigene Darstellung)

Alfredo Palermo bestätigt die Vermittlungsmöglichkeit eines Teils der in Abbildung 6.1 aufgezeigten psychologischen Merkmalen des Arbeitsverhaltens und der Persönlichkeit durch das Gruppentraining im Kampfsport:

- *Durchhaltevermögen und Frustrationstoleranz:* Sportunterricht birgt laut Petra Gieß-Stüber/Elke Grimmiger die Chance in sich, mit körperlicher Nähe und Distanz (beispielsweise durch Vertrauensübungen oder durch Hilfeleistungsübungen) zu experimentieren (vgl. 2006, S. 19). Auch A. Palermo findet diese Aussage hinsichtlich des Kampfsporttrainings bestätigt: „[...] wenn ich das Vertrauen mißbrauche, kann ich nicht verlangen, daß der andere mir sein Vertrauen gibt. Das Vertrauen ist eine ganz wichtige Sache. Und die Leute müßen wissen, das Vertrauen muß auf Jahre hinausgehen, von Generationen her [...]" (Zeile 125-129). Dabei können „soziale Risiken" eingegangen werden, wie sie unter anderem in Präsentations- oder Wettkampfsituationen entstehen, gleichzeitig besteht die Möglichkeit des Austestens der individuellen Leistungsgrenzen. Als Folge davon kann das Durchhaltevermögen sowie eine bessere Selbsteinschätzung trainiert werden und die aus der Selbstsicherheit hervorgehende Frustrationstoleranz wird erhöht. Auch die Erfahrung von Anerkennung und Wertschätzung durch Sport ermöglicht die Stärkung des Selbstbewußtseins[15] (vgl. Gieß-Stüber u. Grimminger, 2006, S. 19). Die Erfahrung des Wettkampfes stellt einen Weg zur Selbstfindung unabhängig zur ethnischen Rollendefinition dar. Dies dürfte auch einer der Gründe sein, warum bei Jugendlichen mit Migrationshintergrund die Suche nach sozialer Anerkennung durch Sport deutlich ausgeprägter ist als bei Deutschen (vgl. Sen, 2002). A. Palermo bestätigt die Erkenntnis,

---

[15]Nach Erkenntnissen von Dominik Erdinger haben Jugendliche mit Migrationshintergrund ein eher schwach ausgeprägtes Selbstbewußtsein (vgl. 2006, S. 26f.).

daß Jugendliche mit Migrationshintergrund oft einen ausgeprägten Wunsch haben, auf Wettkampfbasis zu trainieren: „Klar, mir können nicht alle hinbringen, wo man möchte, aber ich denke, nicht nur mein Sport- sondern Sportverein allgemein, bringt für die Ausländer unglaublich viel. Umgekehrt auch, diese, sag ich mir, diese starke Wille von die Ausländer, wo diese Kampfgeist haben, was man in Deutschland ganz wenig gibt" [...] „Diese Wille zum Kämpfen, zum Gewinnen steckt auch die Deutsche an, das ist wichtig, gerade in einer Mannschaft, das ist... man nimmt nicht nur, man gibt auch als Ausländer was" (Zeile 208- 218).

- *Kommunikationsfähigkeit*: A. Palermo stellt dazu fest: „Sprache ist wichtig. Die Basis von der Sprache, wenn man mit die andere spricht, und die gleiche Level hat, dann hat man besser Verständnis. Und die Worte spielen eine große Rolle. Deswegen ist die Sprache wichtig" (Zeile 556-559). Und: „Es ist einfach, ich bin in Deutschland! Man muß die Muttersprache dieses Landes sprechen. Wenn ich merke, daß einer die Sprache überhaupt nicht spricht, kann ich eine gewisse Zeit helfen, aber (xxx) ich bin ja froh, wenn ich irgendwo in eine Land bin, wo mir einer hilft, aber am liebsten werde ich mit den Leuten selber sprechen. Diese Selbstkontakt mit die Menschen ist ganz wichtig, deswegen... man mußte auf Deutsch gesprochen werden" (Zeile 228- 234). Während des Trainings wird bis auf die Fachbegriffe ausschließlich und konsequent von allen Teilnehmern und Trainern Deutsch gesprochen.

- *Konfliktfähigkeit*: Sport fördert die Konfliktfähigkeit und vermittelt die Erfahrung, zu einer Gruppe zu gehören (vgl. Gieß-Stüber u. Grimminger, 2006, S. 19). Nach Erkenntnissen von A. Palermo erhöht der Kampfsport die Fähigkeit, mit Konflikten umzugehen: „Solang die Kampfsport besteht, dann hat die Polizei weniger zu tun mit die Jugendlichen, weil eben die kämpfe in Fairnes und haben Regeln" (Zeile 305-307) und „ Ja, Fairnes den andere gegenüber, dieses Selbstbeherrschung und Ziel, nach vorne zu kommen. Das Ziel, irgendetwas zu lernen und zu gewinnen, man kann übertragen woanders [...]" (Zeile 754-756). Außerdem hilft das Lernen von Selbstbeherrschung durch den Kampfsport dabei, Konflikte zu ertragen und in Fairnes zu regeln: „Man mußte Selbstbeherrschung [...] gehört auch in diese Sport, und ich denke, durch diese Sport habe ich auch viel gelernt. Durch mein Kampfsport habe ich mich angepaßt [...]" (Zeile 188-190). Ziele des Kampfsports wie Fairnes und Selbstbeherrschung sowie der Wunsch, erfolgreich zu sein, sind Werte, die auch auf andere Lebensbereiche wie Schule oder berufliche Ausbildung der Jugendlichen übertragbar sind. „[...] auf Kampfbasis zu trainieren, ist eine gewisse Selbstsicherheit. D. h., wie Du unsicher bist, wie die jetzt, die sich mehr auf seine eigene Kraft verlassen können. Und deswegen trainieren die auch härter wie die andere, und ich denken, das liegt aber nicht nur an die Ausländer, auch die bei die Deutsche ist das so. Je nachdem welche Schichten... aus welche Schicht Du kommst (xxx) und Du mußt Dich auf Dich verlassen, dann bist Du nicht nur aggressiver, aber Du traust Deine Körper ein bißchen mehr. Weil Du Dein Körper nachher brauchst. Du mußt Dich mal selbst wehren. (xxx) Du kannst keine Hilfe... eine wo, finanziell (anders gesetzt) ist, der hat eine gute Rechtsanwalt, der hat gute Freunde, Verwandtschaft, viele Bekannt, der wird immer geholfen, aber ein (xxx) muß mit seine eigene Körper fertig werden und sich zu beweisen, nicht unbedingt zu schlägern, aber die Sicherheit zu haben" (Zeile 662-674).

- *Kritikfähigkeit*: Die Fähigkeit zu Kritik und zur Selbstkritik entsteht auf der Grundlage eines vertrauenvollen Klimas, das das Selbstverständnis des Individuums fördert (vgl. Gieß-Stüber u. Grimminger, 2006, S. 19). A. Palermo bestätigt diese Aussage hinsichtlich des Kampfsporttrainings: „Diese aktive Hilfestellung... es ist immer wichtig, daß vertraut Person. Wenn man kein Vertrauen in eine Person hat, dann wird der andere diese Vertrauen auch nicht geben. Ich sag immer, wenn ich Spiel mache und sag schließ die Augen und ich führ Dich, wenn der die Augen aufmacht, dann hat kein Vertrauen er" (Zeile 115-119). Das durch den Sport erworbene Vertrauen in die eigene Person und in andere vermittelt Selbstsicherheit, die dazu beiträgt, Kritik besser bewältigen und sich selbst in realistischer Selbstkritik üben zu können.

- *Teamfähigkeit*: Laut Gieß-Stüber/Grimmiger läßt Sport in der Gruppe ein „Wir-Gefühl" entstehen. Dabei kann der Einzelne durch seinen Beitrag Anerkennung und Wertschätzung in der Sportgruppe erfahren (vgl. Gieß-Stüber u. Grimminger, 2006, S. 19). A. Palermo erklärte hierzu: „Seine Persönlichkeit darf er nicht verlieren, aber wenn bleibt, muß er sich unterordnen und lernen genau, was die andere sagen" (Zeile 413-415) und „Eine Gesellschaft bedingt, Sportart, weil eben erst einmal durch Sport sich die Kräfte messen und dann mit den Leute, wo Du trainierst. Das ist gewiß eine einfache Faktor, da sage ich jetzt, wenn ich immer Einzelgänger bin oder war und komm in eine Gruppe, muß ich mich in die Gruppe anpassen, sonst bleibe ich ein Einzelgänger. Und deswegen, das merkt man schon, wo die Leute herkommen und welche Nationalität sie sind, was von Jugend gehabt hat" (Zeile 70-76). Das Training in der Gruppe führt somit an die Teamfähigkeit heran und fördert diese.

- *Umgangsformen*: „Das Gewahrwerden der Zugehörigkeit zu unterschiedlichen Gruppen sensibilisiert für unterschiedliche Verhaltenstendenzen und Regeln in Abhängigkeit von der sozialen Situation" (Gieß-Stüber u. Grimminger, 2006, S. 19). A. Palermo resümierte hierzu: „In eine Gruppe gibt es Kinder mit drei Jahre, und Kinder mit sechs Jahre. Den Dreijährige schon vom Kind her, weiß das Kind genau, daß ein Sechsjähriger schon stärker, auf die Matte ist. Und den Sechsjährige, merkt daß ein Kind eine gewisse Hilfe braucht. D.h. dieses Sozialverhalten, dieses Sozialverhalten, beginnt schon im Unterricht und der Trainer hat die Überaufsicht über diese Sachen" (Zeile 40-46). Je nach Situation lernen bereits Kinder im Sport, wie sie sich anderen gegenüber sozial verhalten sollen. Ein Verhaltenstraining, das unter Umständen auch bei späteren Bewerbungsgesprächen durchaus hilfreich sein kann. Zu den gesellschaftlichen Umgangsformen gehört auch Respekt sich selbst und anderen gegenüber. Im Kampfsport ist der Respekt ein wichtiger Bestandteil des Umgangs miteinander: „Also ich denke das Respekt von die Kampfsport ist ganz oben. Das Vertraue liegt da unten. Aber ich merke das auf ein Mal, das Vertrauen oben ist und das Respekt unten, d. h. die beide sind gemischt. Es kommt davon, in welche Situation bist Du, bist Du auf die Judomatte oder bist Du in Kampfsporte oder bist Du in eine Büro oder (xxx) je nachdem, es ist im Grund, wo Du bist, je nachdem wo Du bist werst Du reagieren" (Zeile 642-647).

Generell werden im Sport Wahrnehmung und Überschreitung von persönlichen Grenzen als „Stimulus für die Weiterentwicklung der Fähigkeiten" im motorischen, kognitiven und vor allem auch im sozialen und psychisch-emotionalen Bereich aufgefaßt (vgl. Gieß-Stüber u. Grimminger, 2006, S. 19). Für Jugendliche mit Migrationshintergrund sind zusätzliche Möglichkeiten zur beruflich einsetzbaren Qualifizierung ein Bonus, der ihnen den Weg zu einem Ausbildungsplatz ebnen kann und damit über die Beruflichkeit zur Integration in die deutsche Gesellschaft beiträgt. Sofern die Jugendlichen eine spätere berufliche Selbständigkeit anstreben, dürften ihnen überdies die durch das Training gewonnenen sozialen Netzwerke förderlich sein.

Der gewählte Freizeitbereich „Kampfsport" wie Karate, Taekwondo, Ninjitsu, Judo usw. stellt im Sinne einer zusätzlichen Kulturleistung für Jugendliche mit nicht-asiatischem Migrationshintergrund eine Besonderheit dar: Ein Großteil der Jugendlichen setzt sich während des Trainings zusätzlich zu den innerethnischen und den deutschen Werten und Normen noch mit einer von asiatischer Tradition, Denkweise und Verhaltensmaßstäben durchdrungenen Disziplin auseinander. Im Hinblick auf interkulturelles Lernen bemerken Gieß-Stüber/Grimminger: „Da interkulturelle Bildung und Erziehung auf die Entwicklung von Einstellungen und Verhaltensweisen gerichtet sind, erscheinen aber gerade solche Lehr-/Lernformen besonders vielversprechend, die handlungsorientiert und affektiv besetzt sind. Dies gilt sicher in besonderer Weise für Bewegung, Spiel und Sport" (2006, S. 18). Sporttraining ist demnach eine gute interkulturelle Lernplattform, insbesondere durch die interkulturelle Lehrkompetenz der Trainer, falls diese selbst auch einen Migrationshintergrund haben (ebd.).

Die Ziele im Kampfsport sind auf den Menschen in seiner Gesamtheit ausgerichtet. Der i.d.R. früh einsetzende Zeitpunkt des Trainings in der Sportgruppe ermöglicht eine gute Ausformung der „soft skills", da durch den Gruppenbezug soziale Netzwerke und die Entwicklung eines positiven Selbstwertgefühls geschaffen werden können. Die Interview-Analyse bestätigt die Feststellung, daß das Kampfsporttraining weit mehr vermittelt, als die eigentliche Kampfkunst abverlangt. Allerdings ist hier eine Einheit zu sehen, denn das im Training Gelernte ist auf das soziale Leben außerhalb des Dojos übertragbar, als „soft skills" nutzbar und integrativ zu werten. Es kann davon ausgegangen werden, daß weder der Kampfsport an sich eine Sportart für jedermann darstellt, noch daß Jugendliche ohne explizites Interesse am Kampfsport über Jahre hinweg regelmäßig die Trainingseinheiten besuchen würden. Zudem sind nicht alle Eltern bereit oder imstande, den Vereinsbeitrag über Jahre hinweg zu finanzieren. Kampfsport stellt aus den aufgezeigten Gründen jedoch *eine* Möglichkeit dar, wie Jugendliche mit und ohne Migrationshintergrund durch das Kampfsporttraining in der Gruppe psychologische Merkmale des Arbeitsverhaltens und der Persönlichkeit als Bestandteil der Ausbildungsreife internalisieren können.

7 Push- und Pull-Faktoren der beruflichen Selbständigkeitsaspiranten mit türkischem Migrationshintergrund

„Die Risikobereitschaft wird heute [...] nicht mehr nur Venturekapitalisten oder außerordentlichen Individuen zugemutet. Das Risiko wird zu einer täglichen Notwendigkeit, welche die Masse der Menschen auf sich nehmen muß" (Sennett, 2002, S. 105). Je schlechter die persönlichen, pekuniären und qualifikatorischen Ausgangsbedingungen für den Gang in die Selbständigkeit sind, desto höher ist das Risiko des Scheiterns.

Hohe Präferenz haben Motive, die zur Bandbreite der persönlichen Einstellungen und Wunschvorstellungen gehören (Pull-Faktoren). Dazu zählen Wünsche wie Selbstverwirklichung, besserer Verdienst, Unabhängigkeit, familiäre Einbindung, Eigenständigkeit, bessere Verwertung der eigenen Qualifikationen, Ideenverwirklichung, Prestigegewinn oder auch Unterstützung der eigenen Landsleute (vgl. Leicht, 2005a, S. 18). Diese Pull-Faktoren stellen Anreize dar, die von etwa einem Viertel bis zu drei Vierteln der Selbständigen als ausschlaggebender Grund für den Gang in die Selbständigkeit genannt wurden (vgl. Leicht, 2005a, S. 17). Zwänge und äußere Umstände (Push-Faktoren) wie erlebte oder befürchtete Benachteiligungen, Arbeitslosigkeit oder drohende Arbeitslosigkeit animieren bis zu einem Fünftel der Selbständigen zur Aufnahme der Selbständigkeit (ebd.).[1] Die Angabe eines einzelnen Motivs für den Weg in die Selbständigkeit dürfte eher die Ausnahme sein. Für die Mehrzahl der Gründer spielt die Kombination verschiedener Motive im Rahmen der Push- und Pull-Faktoren eine Rolle; zwei Fünftel aller Gründer meinten, daß sie *entweder* durch Push-Faktoren *oder* durch Pull-Faktoren zur beruflichen Selbständigkeit veranlaßt wurden (vgl. Leicht, 2005a, S. 17). Insgesamt messen Selbständige mit Migrationshintergrund den Pull-Faktoren einen höheren Stellenwert bei als deutsche Selbständige.[2]

Zu den besonderen Merkmalen der Selbständigkeit zählt die Unabhängigkeit von Lohn, Verfügungsfreiheit über den Einsatz der Produktionsfaktoren, freie Arbeitszeitverfügung, persönliche Entscheidungsfreiheit über Urlaub und Beginn des „Rentenalters" und eine weitgehende Unabhängigkeit vom staatlichen Sozial- und Krankenversicherungssystem (vgl. Schäfers, 1976, S. 153). Berufliche Selbständigkeit kann einen Weg darstellen, Autonomie zu entfalten und dadurch berufliche Unabhängigkeit und kreative Freiheit zu erhalten, dies allerdings in Abhängigkeit von der zyklischen Entwicklung des Wirtschaftsprozesses und des Konjunkturverlaufs. Berufliche Selbständigkeit stellt somit eine Herausforderung dar und ist im Zusammenhang mit Ausbildung, Beruf, Arbeit und Existenzsicherung zu sehen. Außerdem ermöglicht berufliche Selbständigkeit auch zum Teil schulisch und beruflich niedrig Qualifizierten den Erhalt des Selbstrespekts in einer Gesellschaft, welche diese Personen aufgrund ihrer mangelnden Qualifizierung ansonsten eventuell aus dem Erwerbsleben ausschließen würde.

7.1 Sozioökonomische Situation der türkischen Migranten in ihrem Heimatland

Die meisten türkischen Arbeitskräfte der „Gastarbeiter-Generation" stammen ursprünglich aus den bis heute als wirtschaftlich unterentwickelt geltenden Regionen im Süden und Osten der Türkei,

---

[1]Hierbei ist zu differenzieren, von welcher Ausgangsposition die Befragten antworteten: Wenn sie nicht aus einem Beschäftigungsverhältnis heraus freiwillig, sondern aus der Arbeitslosigkeit heraus, quasi als Abhilfemittel, den Weg der Selbständigkeit wählten, so liegt der Anteil derjenigen, die sich zur Gründung veranlaßt sahen, deutlich höher (vgl. Leicht, 2005a, S. 17).

[2]So ist zum beispiel „die Umsetzung einer Idee" bei weniger als der Hälfte der deutschen Selbständigen das maßgebliche Motiv für die berufliche Selbständigkeit (vgl. Leicht, 2005a, S. 18).

vor allem aus Anatolien. Die Tatsache, daß sich die Struktur der türkischen Migranten der „ersten Generation" aus bäuerlichen Schichten mit geringem schulischem und beruflichem Qualifikationsniveau von dem sozioökonomischen Profil der türkischen Gesamtbevölkerung deutlich unterscheidet, zeigt klar die begrenzende Reglementierung bei den Ausreisewilligen durch die türkische Regierung (vgl. Praschma u. a., 2003, S. 96).

Bis heute konnten die regionalen Disparitäten in der Wirtschafts- und Wohlstandsentwicklung nicht beseitigt werden (vgl. Gumpel, 2006). Während die Regionen im Osten und Südosten der Türkei in wirtschaftlicher Unterentwicklung verharren und nur rudimentär von der Steigerung des Bruttoinlandproduktes profitieren[3], betragen die Einkommen im Westen des Landes etwa das Zehnfache dessen, was in den ärmsten anatolischen Provinzen Agri und Mus verdient wird.[4] Nach Erkenntnissen von Werner Gumpel lebt derzeit etwa ein Viertel der türkischen Bevölkerung in der Türkei unter der Armutsschwelle, obwohl die Inflationsrate zwischen 2002 und 2005 von 44,9% auf 7,7% gesenkt werden konnte (vgl. Gumpel, 2006). Durch die rapide wachsende Bevölkerung[5] wächst der Migrationsdruck an. 2005 lag die offizielle Arbeitslosenquote bei 10,5%, wobei - bedingt durch die Schattenwirtschaft - von einer beträchtlich höheren Arbeitslosenquote (vor allem unter Jugendlichen) ausgegangen werden kann (vgl. Gumpel, 2006). Die Migranten bestehen mehrheitlich aus unqualifizierten Arbeitskräften aus der türkischen Agrarwirtschaft[6], in welcher derzeit 33,2% der türkischen Bevölkerung beschäftigt sind (vgl. Gumpel, 2006).

Die perspektivlose soziale Lage, die Minimierung der Lebensgrundlage durch das Erbsystem der Realteilung, die halb-feudalen Sozialstrukturen sowie die neuen technischen Entwicklungen in der Landwirtschaft, die einen Großteil der ungelernten Landarbeiter überflüssig machte, lösten ab den 1950er Jahren eine Binnenmigration aus Südostanatolien in die größeren Städte der Türkei aus.[7] Diese Binnenmigranten stellten in der Türkei in den folgenden Jahren einen Großteil der ungelernten Arbeiter, die die am schlechtesten bezahlten Arbeiten verrichten mußten, sofern sie überhaupt Arbeit bekamen. Der Traum von wirtschaftlicher Prosperität durch den Zuzug in die Großstädte wurde zur Fata Morgana, denn die städtische Gesellschaft legte wenig Wert auf die unterqualifizierten Arbeitskräfte. Deren Verelendung in „Gececondus"[8] war abzusehen. Bei den nach Deutschland ausgewanderten Türken der „ersten Generation" handelt es sich mehrheitlich um den Personenkreis, der bereits innerhalb der Türkei eine Binnenwanderung durchlebt und vor der Anwerbung nach Deutschland einige Jahre in den türkischen Großstädten Istanbul, Konya, Ankara oder Izmir verbracht hat (vgl. Sen u. Goldberg, 1994, S. 16). Auch heute noch verursachen große Armut, hohe Arbeitslosigkeit, mangelhafte soziale und verkehrswirtschaftliche Infrastruktur sowie das schlecht ausgebildete Bildungs- und Gesundheitswesen[9] eine starke Binnenmigration mit einem Wanderungs-

---

[3]Bruttoinlandsprodukt BIP pro Kopf 2005: 4.900 US-Dollar/ 2002: 2.600 US-Dollar (vgl. Gumpel, 2006).

[4]Die regionalen Unterschiede beim Einkommen in der Türkei sind gewaltig: Das statistische Durchschnittsjahreseinkommen in der Türkei lag 2001 bei 2.375 US-Dollar, die Spitzenposition nahm die Provinz Kocaeli (Izmit) mit 7.500 US-Dollar pro Jahr ein, die einkommensschwächsten Provinzen waren die ostanatolischen Provinzen Mus mit 828 US-Dollar und Agri mit 827 US-Dollar Jahreseinkommen pro Kopf. Die Türkei stand damit auf Platz 44 noch hinter Panama und Südafrika (vgl. Praschma u. a., 2003, S. 87).

[5]Zwischen 1960 und 1990 stieg in der Türkei die Bevölkerungszahl von 27 Millionen auf über 56 Millionen Einwohner an. Daraus resultierend hätte die türkische Wirtschaft jährlich etwa 400.000 bis 600.000 neue Arbeitsplätze schaffen müßen, um das Bevölkerungswachstum zu kompensieren (vgl. Praschma u. a., 2003, S. 95). Zwischen 2000 und 2005 wuchs die türkische Bevölkerung um weitere 6,3% an (von 67,8 Millionen auf 72 Millionen Menschen). Bei gleichbleibender Entwicklung werden im Jahr 2025 schätzungsweise 92 Millionen Menschen in der Türkei leben (vgl. Gumpel, 2006).

[6]In den landwirtschaftlichen Betrieben herrscht Subsistenzwirtschaft mit niedriger Flächenproduktivität und genereller Unterkapitalisierung vor (vgl. Gumpel, 2006).

[7]Städte wie Van, Batman, Bismil oder Diyarbakir verdoppelten oder vervielfachten zum Teil ihre Bevölkerung innerhalb weniger Jahre. Zwischen 1980 und 1997 stieg die Verstädterung türkeiweit von 50% auf 65% an (vgl. Praschma u. a., 2003, S. 85). Etwa 70% der Bevölkerung Istanbuls besteht aus Binnenmigranten (vgl. Gumpel, 2006).

[8]Türkisch für „über Nacht gebaut" (vgl. Sen u. Goldberg, 1994, S. 13).

[9]Laut OECD 2006 lagen in der Türkei 52,3% der Schüler in Mathematik auf PISA Kompetenzstufe 1 oder darunter

strom von etwa 1 Million Menschen pro Jahr (vgl. Gumpel, 2006). Durch die Emigration nach Deutschland konnten die Arbeitslosenzahlen in der Türkei gesenkt werden. Überdies überwiesen die türkischen Migranten in der BRD den größten Teil ihres Einkommens an ihre Familien in der Türkei.[10] Während des Konjunkturrückgangs in der BRD 1966/67 fand eine Remigrationswelle türkischer Arbeitsmigranten in ihr Heimatland statt, wobei sich die Rückkehr in das Arbeitsleben in der Türkei aufgrund der angespannten wirtschaftlichen Lage als außerordentlich schwierig erwies. Zurückgekehrte „Gastarbeiter" investierten oft das in Deutschland verdiente Geld in der Türkei in selbständige Unternehmen, hauptsächlich in Unternehmen wie Handwerksbetriebe, Taxiunternehmen, Kaffeehäuser, Lebensmittelgeschäfte und in Immobilien (vgl. Sen u. Goldberg, 1994, S. 17). Das erwirtschaftete Geld aus ihrer Arbeitstätigkeit in der BRD investierten sie zudem in den Kauf landwirtschaftlicher Maschinen und in den Erwerb von Boden in ländlichen Gebieten in der Türkei (ebd.). Viele scheiterten bei dem Versuch, sich in der Türkei selbständig zu machen, an der mangelnden Kenntnis der aktuellen Marktbedingungen im Heimatland sowie an der starken Machtkonzentration türkischer Großholdings, die aufgrund ihrer starken Kapitaldecke Unternehmen mit geringerem Eigenkapital von vorneherein abdrängten (vgl. Sen u. Goldberg, 1994, S. 25). Die Gründung einer sicheren wirtschaftlichen Existenz in der Türkei wurde für viele Rückkehrer zur Utopie, da sie unter Umständen durch Fehlinvestitionen in der Türkei ihr Geld verloren hatten und die in Deutschland erwirtschafteten Ersparnisse für eine sorgenfreie Existenz in der Türkei bei weitem nicht ausreichten. Viele dieser Personen bemühten sich anschließend um eine Rückkehr nach Deutschland.

Bedingt durch die technologische Weiterentwicklung in der Türkei sind die heute aus Deutschland kommenden Arbeiter mit türkischem Migrationshintergrund der zweiten Generation in der Türkei wegen ihrer häufig fehlenden beruflichen Qualifizierung und oftmals mangelnden muttersprachlichen türkischen Kommunikationskompetenzen als Arbeitnehmer wenig gefragt. Eine Remigration in die Türkei ist aufgrund der aufgezeigten Situation heute für viele Mitbürger mit türkischem Migrationshintergrund keine wirkliche Option mehr.

7.2 Arbeitslosigkeit in der BRD

Bei der Einreise in die BRD der 1960er Jahre hatten die türkischen „Gastarbeiter" die Verläßlichkeit eines befristeten Arbeitsvertrages. Die „erste Generation" war bevorzugt zur Ausführung un- und angelernter Arbeitsverrichtungen für die industrielle Massenanfertigung und für die Arbeit in der Schwerindustrie angeworben worden (vgl. Seifert, 2007, S. 12). Für qualifizierte Arbeiten waren deutsche Arbeiter und Angestellte ausgebildet und vorgesehen. Arbeitslosigkeit war zu dieser Zeit kein öffentliches Thema. Heute findet die berufliche Eingliederung der zweiten und dritten Zuwanderergeneration unter gänzlich anderen Vorzeichen statt. Nach Erkenntnissen des Sachverständigenrates für Zuwanderung und Integration ist die zum überwiegenden Teil noch nicht eingebürgerte Erwerbsbevölkerung, die aus den Anwerbungen der 1960er Jahre hervorging, in viel stärkerem Maße von Arbeitslosigkeit betroffen, als deutsche Erwerbstätige (vgl. BAMF, 2004, S. 95).

(BRD: 21,6%) (vgl. Anger u. a., 2007, S. 40). In der Türkei haben laut Anger/Plünnecke/Seyda 67% der 25-34 Jährigen keinen Abschluß der Sekundarstufe II (BRD: 15%) (ebd.).

[10]1998 überwiesen türkische Migranten 2,4 Milliarden DM (1995: 3 Milliarden DM) aus Deutschland an ihre Familien in die Türkei (vgl. Praschma u. a., 2003, S. 97). Die privaten Geldüberweisungen in die Türkei beliefen sich 2004 auf das Vierfache der ausländischen Direktinvestitionen und sind damit ein wichtiges soziales Sicherungssystem für die Familienangehörigen in der Türkei (vgl. Bundesregierung, 2005, S. 63).

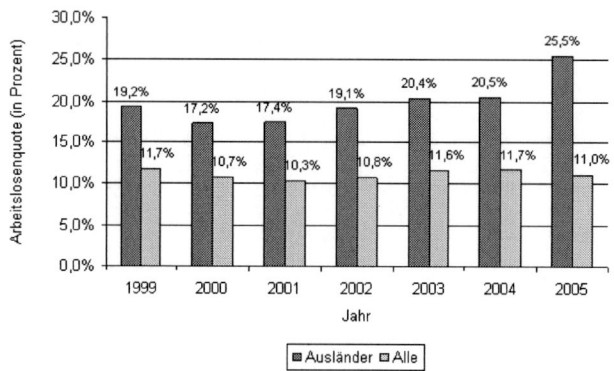

Abbildung 7.1: Allgemeine und Ausländerarbeitslosenquote in Deutschland in % (Jahresdurchschnitt 1999-2005). (Quelle 1999-2004: Bundesregierung 2005, S. 57; Quelle 2005: DESTATIS, 2006c, S. 98; Eigene Darstellung)

2005 lag die Arbeitslosenquote der deutschen Arbeitnehmer bei 11,0%, die der ausländischen Staatsangehörigen bei 25,5% (Abbildung 7.1). Während die Arbeitslosenquote 2005 und 2006 insgesamt leicht weiter zurückging[11], stieg die Arbeitslosenquote 2005 unter der ausländischen Bevölkerung weiter an (vgl. DESTATIS, 2006b, S. 103). Das Risiko für Ausländer, in der BRD arbeitslos zu werden, ist seit Jahren in etwa doppelt so hoch wie für deutsche Erwerbstätige (ebd.).

Der Schritt in die berufliche Selbständigkeit wird zum Teil als Ausweg aus der erlebten oder als Prophylaxe zur befürchteten oder drohenden Arbeitslosigkeit gesehen (vgl. DESTATIS, 2007a). Aus dieser Situation heraus ist das besondere Bedürfnis nach finanzieller Sicherheit mit dem Streben nach sozialem Aufstieg insgesamt nachvollziehbar; vor allem, wenn der Schritt in die Selbständigkeit eine Handlungsoption vor einer eventuellen Inanspruchnahme von Sozialleistungen nach SGB III („Hartz IV") darstellen soll.

---

[11]2005 lag die Arbeitslosenquote im Jahresdurchschnitt in Westdeutschland bei 11% (Ost: 20,6%) (vgl. DESTATIS, 2006b, S. 103); 2006 lag die Arbeitslosenquote in der BRD im Jahresdurchschnitt bei 10,9% (vgl. DESTATIS, 2007a).

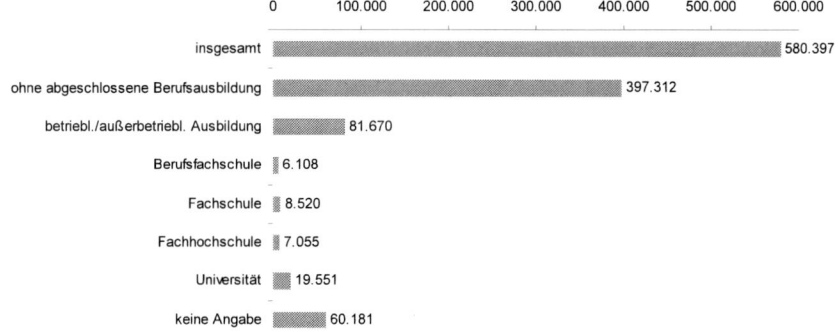

Abbildung 7.2: Arbeitslose ausländische Staatsangehörige 25 Jahre und älter nach Berufsbildung (Stand: 3/2006). (Quelle: DGB 2006, S. 5; Eigene Darstellung)

Die überproportionale Betroffenheit von Ausländern hinsichtlich der Arbeitslosigkeit [12] ist vor allem in strukturellen Ursachen zu sehen: Im März 2006 hatten 68% der arbeitslosen Ausländer keine abgeschlossene Berufsausbildung vorzuweisen (Abbildung 7.2). Seit 1991 hat sich die Zahl der türkischen Erwerbslosen mehr als verdoppelt, gleichzeitig verdoppelte sich die Zahl der Selbständigen mit türkischem Migrationshintergrund in der BRD. Hier ist ein direkter Zusammenhang zu vermuten (vgl. Leicht, 2005a, S. 7).

Der technologische Wandel in der BRD sowie die Auslagerung arbeitsintensiver Produktionen in „Billiglohnländer" bewirkten eine Verschiebung der Arbeitskräftenachfrage zugunsten der höher qualifizierten Beschäftigten (skill-based technological change). Aus diesem Grund ist der Arbeitslosenanteil unter Akademikern und Facharbeitern sowie qualifizierten Angestellten niedriger und der Anstieg schwächer als dies bei an- und ungelernten Erwerbstätigen zu beobachten ist[13] (vgl. DGB, 2006, S. 5). Für den überproportional hohen Ausländeranteil unter den Arbeitslosen sind unter anderem die Konzentration der Erwerbstätigkeit in strukturschwachen, konjunkturanfälligen und sich im Umbruch befindlichen Industrie- und Wirtschaftszweigen, Sprachschwierigkeiten oder auch der Integrationsstand (vgl. Sen u. Goldberg, 1994, S. 34) sowie das „insgesamt geringere soziale Kapital dieser Gruppe, die sich als solche auch zwischen den Generationen über Heiratsmigration reproduziert" (BAMF, 2004, S. 95) verantwortlich.

Der Weg aus der Arbeitslosigkeit gestaltet sich für einen Großteil der Arbeitslosen mit türkischem Migrationshintergrund ausgesprochen schwierig, denn laut einer DIHK-Unternehmensbefragung kommen für viele Unternehmer Arbeitslose wegen ihres vermuteten niedrigeren Bildungsniveaus für ein Beschäftigungsverhältnis - zumindest kurzfristig - nicht in Betracht (vgl. DIHK 2006a, S.

---

[12] Die tendenziell höchsten Arbeitslosenquoten weisen Gruppen mit dem niedrigsten Kenntnisstand auf (vgl. Giarini u. Liedtke, 1998, S. 104). Es gilt: Je qualifizierter die Erstausbildung ist, desto höher ist in der Regel die Beteiligung an der Weiterbildung (vgl. Mayer, 2000, S. 397). 2003 hatten 81,8% der Arbeitslosen mit türkischem Migrationshintergrund keine abgeschlossene Berufsausbildung, damit lagen sie weit über dem Durchschnitt aller ausländischen Arbeitslosen (vgl. Bundesregierung, 2005, S. 58). Liegt eine abgeschlossene Berufsausbildung vor, so beträgt laut IAB das Arbeitslosigkeitsrisiko für Deutsche wie für Ausländer etwa 10 Prozent (vgl. Bundesregierung, 2005, S. 58).

[13] Das Risiko, arbeitslos zu werden, liegt mit zunehmendem Alter im Gegensatz zu Hochschulabsolventen bei Absolventen einer beruflichen Ausbildung um ein Drittel höher: 2003 lag bei den 25 bis 29jährigen die Arbeitslosenquote der Ausgebildeten bei 6,2% (bei Akademikern: 4,1%), bei den 50-54jährigen Ausgebildeten bei 8,3% (bei Akademikern: 4%) (vgl. Baethge, 2006, S. 16).

9). Da die Arbeitsplatzbeschaffung generell schwieriger wird, stellt die Option der beruflichen Selbständigkeit einen zum Teil vermeintlichen Ausweg aus der Misere dar. Sowohl für deutsche als auch für nicht-deutsche Selbständigkeitsaspiranten war im Jahr 2005 die Suche nach Alternativen aus drohender oder bereits eingetretener Arbeitslosigkeit die Hauptdeterminante zur Existenzgründung in Deutschland, dafür trat das Motiv „Unternehmergeist" immer mehr in den Hintergrund (vgl. DIHK, 2006b, S. 3). Diese Erkenntnis der DIHK steht in direktem Widerspruch zu den Angaben, welche die meisten Selbständigen mit Migrationshintergrund als Pull-und Push-Faktoren angaben. Hier war der Pull-Faktor „Selbstverwirklichung" motivational vorrangig (siehe Kapitel 7).

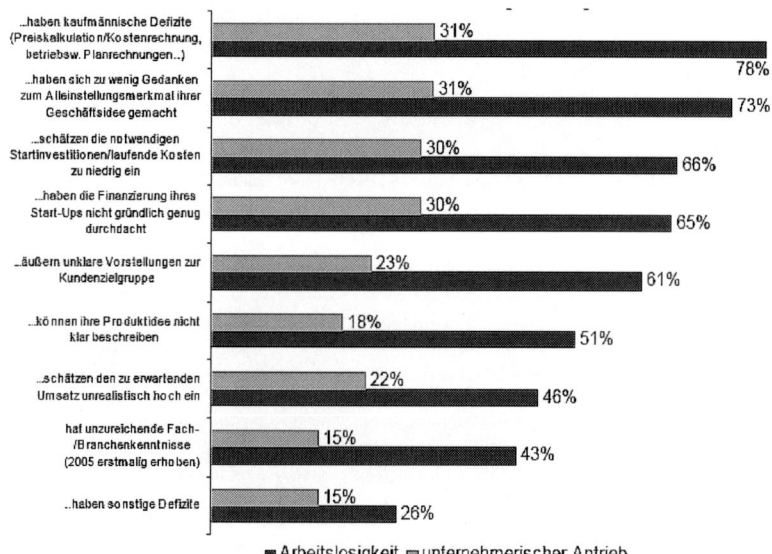

Abbildung 7.3: Defizite bei der Unternehmensgründung 2004/2005 auf der Grundlage Arbeitslosigkeit oder unternehmerischer Antrieb (Prozent der Gründer in der IHK-Gründungsberatung) (Quelle: DIHK, 2006b, S. 17).

Erfolgt die Unternehmensgründung[14] aus der Arbeitslosigkeit heraus, so sind die größten Differenzen zwischen dem Motiv der „Gründung aus Arbeitslosigkeit" und der Gründung aus „unternehmerischem Antrieb" an erster Stelle bei den kaufmännischen Defiziten (Differenz von 47% zugunsten der Selbständigen aus unternehmerischem Antrieb) festzustellen (Abbildung 7.3). Ein Großteil der Gründer aus der Arbeitslosigkeit heraus haben sich zu wenig Gedanken zum Alleinstellungsmerkmal ihrer Geschäftsidee gemacht und äußern unklare Vorstellungen zu ihrer zukünftigen Kundenzielgruppe (ebd.). Es zeigt sich an dieser Stelle, daß besonders in der Gründungsphase fachmännische Beratung wichtig und wertvoll ist, wobei kaufmännische Kenntnisse die tragenden Voraussetzungen für eine erfolgreiche und dauerhafte berufliche Selbständigkeit darstellen.

Selbständige mit türkischem Migrationshintergrund gründeten zu 73% ihr Unternehmen aus einer abhängigen Beschäftigung heraus (vgl. Leicht, 2005a, S. 19). Lediglich 5% gaben an, direkt aus

---

[14]Hier ist begrifflich eine Unterscheidung getroffen: Von Unternehmensgründung wird gesprochen, wenn das Gründungsgeschehen aus der unternehmensbezogenen Sichtweise betrachtet wird. Aus der personenbezogenen Perspektive wird dagegen von Existenzgründung gesprochen, da besonders kleinbetriebliches Gründungsgeschehen oft nicht vom Haushalts- und Familienkontext isoliert vonstatten geht (vgl. Hansch, 2006, S. 496).

der Arbeitslosigkeit heraus den Gang in die Selbständigkeit gewagt zu haben[15] (ebd.). Die Suche nach einem Ausweg aus der Arbeitslosigkeit führt dazu, daß viele den Weg in die Selbständigkeit wagen, obwohl ihnen rudimentäre Qualifikationen für die Umsetzung einer Geschäftsidee auf dem deutschen Markt fehlen.[16] Es ist unter anderem deshalb davon auszugehen, daß ein Großteil der neuen Unternehmen in Ermangelung unternehmerischer Qualifikationen scheitern wird (vgl. DIHK, 2006b, S. 10).

Selbständigkeit aus dem Push-Faktor „Arbeitslosigkeit" heraus stellt eine riskante Ausweichreaktion dar, da Arbeitslosigkeit oft mit geringem persönlichem, qualifikatorischem und ökonomischem Kapital einhergeht. Die hohe Arbeitslosenquote unter Erwerbstätigen mit türkischem Migrationshintergrund mag zwar einen starken Anreiz zur wirtschaftlichen Selbständigkeit darstellen. Wenn jedoch die Arbeitslosigkeit auf mangelnde Qualifikationen in schulischer und/oder beruflicher Hinsicht zurückzuführen ist, dürften die Möglichkeiten zur Selbständigkeit eher unzureichend ausfallen (vgl. Leicht u. a., 2001, S. 22). Allerdings wurde überdurchschnittlich oft von Selbständigen mit türkischem Migrationshintergrund angegeben, daß sie sich vor der Aufnahme der Selbständigkeit benachteiligt fühlten oder mit dem vorhandenen Arbeitsplatz unzufrieden waren (vgl. Leicht, 2005a, S. 20).

Aus fehlenden oder mangelnden deutschen Sprachkenntnissen resultieren weitgehend schlechtere Bildungsqualifizierungen, geringere Erwerbsmöglichkeiten und ein erhöhtes Arbeitslosigkeitsrisiko. Das Bundesministerium für Arbeit und Soziales (BMAS) und die Bundesagentur für Arbeit (BA) haben auch deshalb Mitte 2005 das bundesweite Informations- und Beratungsnetzwerk „IQ-Integration durch Qualifizierung" initiiert (vgl. aid, 2005a). Bis Ende 2007 werden neue Methoden für Beratungsangebote, Sprachförderung von berufsbezogenem Deutsch sowie Fort- und Weiterbildungen entwickelt. Des Weiteren sollen Existenzgründungen wie auch interkulturelle Personal- und Organisationsentwicklung mit einbezogen werden. Vorrangiges Ziel ist dabei die Verbesserung der Arbeitsmarktsituation und Beschäftigungsfähigkeit von Migranten, Aussiedlern und anerkannten Flüchtlingen durch neue Strategien und durch zielgerichtete Förderung. Zur Förderung der deutschen Sprachkenntnisse bietet das BMAS unter anderem auch spezielle Sprachkurse für Bezieher von Arbeitslosengeld an, in deren Rahmen berufsbezogene Kenntnisse der deutschen Sprache vermittelt und erweitert werden (vgl. aid, 2005a).

7.3 Stellenwert der Selbständigkeit für Unternehmer mit türkischem Migrationshintergrund

Jeder achte Selbständige mit Migrationshintergrund hatte den Wunsch nach beruflicher Selbständigkeit bereits im Heimatland entwickelt (vgl. Leicht, 2005a, S. 19). In der BRD erfüllen sich viele türkische Migranten mit der Selbständigkeit ein Vorhaben, das sie in der Türkei nicht in die Tat umsetzen konnten (vgl. Sen u. Goldberg, 1994, S. 38). In diesem Zusammenhang ist anzumerken, daß sich die Selbständigkeitsaspiration von Migranten der ersten und zweiten Zuwanderergeneration nicht bedeutsam unterscheidet. Daß die Selbständigenquote der ersten Generation etwas höher liegt ist unter anderem eine Frage des Alters[17] und der Erfahrungen, welche der zweiten Generation noch

---

[15]Es stellte sich heraus, daß beinahe jeder sechste Selbständige mit türkischem Migrationshintergrund aus Furcht vor dem Verlust des Arbeitsplatzes den Schritt in die Selbständigkeit wagte (vgl. Leicht, 2005a, S. 20). Berufliche Selbständigkeit scheint demnach als prophylaktische Maßnahme ergriffen zu werden, um der Arbeitslosigkeit zu entgehen, noch bevor diese eintritt oder eintreten könnte. Unter allen zuvor abhängig beschäftigten Selbständigen mit türkischem Migrationshintergrund war dies bei 22% (Deutsche: 17%) der Fall (ebd.).

[16]Laut IHK sind „frappierende Unterschiede" zwischen den Konzepten arbeitsloser Gründer und derjenigen Personen, die sich vornehmlich aus unternehmerischem Antrieb heraus selbständig machen möchten. So weisen hinsichtlich des notwendigen Businessplanes 78% der arbeitslosen aber nur 31% der unternehmerisch motivierten Gründer Mängel auf (vgl. DIHK, 2006b, S. 10).

[17]In Nordrhein-Westfalen lag 2005 beispielsweise der Anteil der unter 30jährigen Selbständigen unter den türkischen Migranten bei 4,5%, bei den 30-44jährigen bei 5,9%, bei den 45-59jährigen bei 12,2% und bei den über 60jährigen

fehlen (vgl. Leicht, 2005a, S. 19).

Der Stellenwert beruflicher Selbständigkeit wird im Zuge der Wertevermittlung[18] im Laufe der innerfamiliären Sozialisation internalisiert. Die Lebensentwürfe Jugendlicher mit türkischem Migrationshintergrund werden durch die Anpassung an die familiäre Zukunftsplanung mitbestimmt. Dadurch bleibt der Familienkonsens erhalten. Ein tragendes Argument hierbei ist das Erlangen von Kompetenzen[19] für die angestrebte berufliche Selbständigkeit (vgl. Merkens, 1996, S. 82). Schaffen die Nachkommen den Weg in die berufliche Selbständigkeit, so stellt deren sozialer Aufstieg auch einen Bestandteil des eigenen sozialen Aufstiegs dar.

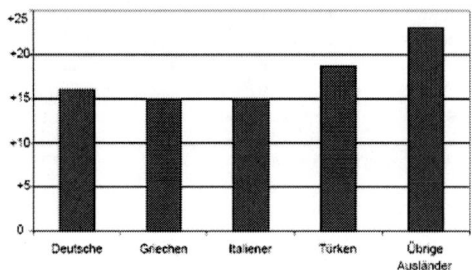

Abbildung 7.4: Prestigedifferenz zwischen Selbständigen und abhängig Beschäftigten innerhalb der eigenen Ethnie (Quelle: Leicht, 2005a, S. 21)

In vielen Herkunftsländern der Migranten wird beruflicher Selbständigkeit generell ein höherer Stellenwert beigemessen, als dies in Deutschland üblich ist. René Leicht spricht von der „Magnitude Prestige Skala". Diese liegt bei Griechen wie auch bei Italienern bei ca. 15 Prestige-Punkten. Auch bei den Deutschen hat Selbständigkeit ein etwas höheres Ansehen mit ca. 16 Prestige-Punkten. Bei Türken liegen die Prestige-Punkte deutlich höher bei ca. 23 Punkten. Für Selbständige mit türkischem Migrationshintergrund scheint der Wunsch nach sozialem Aufstieg einen höheren Stellenwert zu haben, als dies bei anderen ethnischen Gruppen der Fall ist (Abbildung 7.4). Der Prestigegewinn Selbständiger mit türkischem Migrationshintergrund liegt innerhalb der eigenen Ethnie deutlich höher als dies bei Griechen, Italienern oder Deutschen der Fall ist. Über alle Ethnien hinweg zeigt sich, daß berufliche Selbständigkeit einen höheren Prestigewert besitzt als abhängige Beschäftigung. Laut Esther Hansch werden unter wirtschaftspolitischen Gesichtspunkten „Hoffnungen auf die Belebung der wirtschaftlichen Dynamik und vor allem positive Beschäftigungseffekte verknüpft. Letztere sind mit Bezug auf selbständige Erwerbstätige am ehesten von Haupterwerbstätigengründungen zu erwarten" (Hansch, 2006, S. 499). Der Rollenwechsel vom Arbeitnehmer zum Arbeitgeber dokumentiert gleichzeitig öffentlich den sozialen Aufstieg im Selbstverständnis des türkischem Jungunternehmers.

---

bei 12,5% (vgl. Sauer u. Goldberg, 2006, S. 11).

[18]Die durch Erziehung und Sozialisation erworbenen Werte spielen immer dann eine Rolle, wenn es um die Begründung geht, *warum* innerhalb einer Situation einer bestimmten Handlungsalternative der Vorzug gegeben wurde. Dabei wird im Erziehungsprozeß sowohl vermittelt, welche Wertvorstellungen innerhalb der Gesellschaft als konsensfähig gelten, als auch, welche Mittel und Wege zur Erreichung dieser Werte als legitim bzw. als nicht-legitim und angemessen gelten (vgl. Merkens, 1996, S. 103).

[19]Laut Ute Clement schwingt bei dem Kompetenzbegriff sowohl die Bedeutung der flexiblen Anpassung an den wechselnden Bedarf des Arbeitsmarktes, als auch der Verwirklichung individueller Lebensansprüche mit (vgl. Clement, 2003, S. 200).

7.4 Verdienstmöglichkeiten

Es herrscht in der BRD die „Revolution der steigenden Erwartungen" (Schäfers, 1976, S. 7). Im Zuge dieses beständigen Entwicklungstrends sollen der Lebensstandard und die vorhandenen Sozialchancen permanent verbessert werden. Das Streben nach finanzieller Absicherung durch berufliche Selbständigkeit ist Teil des Sicherheitsstrebens in einer Leistungsgesellschaft. Laut Richard Sennett weist „Die moderne Kultur des Risikos [...] die Eigenheit auf, schon das bloße Versäumen des Wechsels als Zeichen des Mißerfolgs zu bewerten [...]" und [...] „Wer sich nicht bewegt, ist draußen" (2002, S. 115). Unter diesem Aspekt ist die zu erwartende höhere Verdienstmöglichkeit mit der damit verbundenen sozialen Absicherung und Zukunftsperspektive als Pull-Faktor für den Gang in die Selbständigkeit zu nennen. Der finanzielle Anreiz ist für Selbständige in allen Ethnien durchaus gegeben, denn im Vergleich zu den abhängig Beschäftigten innerhalb der gleichen Ethnie verfügen sie über ein deutlich höheres Nettoeinkommen (vgl. Leicht, 2005a, S. 20).

Im Gegensatz zu deutschen Gründern sind die Unternehmensgründungen von Ausländern weniger als Nebenerwerbsunternehmen geplant, sondern als „nachhaltig tragende Vollexistenz" (Hansch, 2006, S. 496). Diese Gründungen sind viel eher von der Absicht oder auch von der Notwendigkeit getragen, die künftige Existenzgrundlage zu bilden und damit den Lebensunterhalt der Familie zu sichern[20] (vgl. Leicht, 2005a, S. 8).

Da die ökonomische Integration eines großen Teils der türkischen Migraten der ersten und eines Großteils der zweiten Generation auf dem Niveau meist niedrig qualifizierter Beschäftigung stattfindet, kann der bessere Verdienst[21] insgesamt die Integration in die deutsche Gesellschaft erhöhen (vgl. BAMF, 2004, S. 96). Aus betriebswirtschaftlicher Sicht wird ein Teil der Gründungen aufgrund der niedrigen Verdienstsituation als „Rand- oder Kümmerexistenz" bezeichnet, deren „finanzieller Beitrag jedoch im Haushaltszusammenhang gesehen existenziell sein kann" (Hansch, 2006, S. 496).

7.5 Schulische und berufliche Vorbildung der Selbständigen mit Migrationshintergrund

Für Selbständige mit türkischem Migrationshintergrund sind oft ihr kulturelles Wissen, ihr Wissen über ausländische Märkte sowie ihre Sprachkenntnisse von Vorteil. Dabei gehört die Aktivierung innerethnischer Ressourcen, die ethnische Netzwerke und verfügbaren Arbeitskräfte innerhalb der Familie zum festen Bestandteil türkischer Unternehmerkultur. Die individuellen bzw. die Humankapitalressourcen sind für die Zugangschancen zur beruflichen Selbständigkeit entsprechend dem Standardbefund in der Gründungsforschung von grundsätzlicher Bedeutung (vgl. Leicht, 2005a, S. 21). Dabei wird dem Faktor „Bildung" ein starker Einfluß, auch hinsichtlich Selbständigkeit oder abhängiger Beschäftigung, beigemessen (ebd.).

Durch die gestiegene Verweildauer im allgemeinen Bildungssystem oder durch Maßnahmen zur Erreichung der Ausbildungsreife erhöht sich generell das Einstiegsalter in das Berufsleben (vgl. DESTATIS, 2004, S. 41). Da ein hoher Anteil der ausländischen Selbständigen keine Berufsausbildung absolviert hat, sind diese im Durchschnitt deutlich jünger als deutsche Selbständige.[22] Etwa

---

[20]Während drei Viertel der türkischstämmigen Selbständigen die Selbständigkeit wählte, um mehr verdienen zu können, spielte dieser Grund bei nur knapp der Hälfte der befragten deutschen Selbständigen eine Rolle (vgl. Leicht, 2005a, S. 18).

[21]Laut Sauer/Goldberg steht türkischen Familien aufgrund der niederen beruflichen Stellung und des relativ großen Auftritts an Nicht-Erwerbstätigen sowie der höheren Kinderzahl in den Familien z.B. in Nordrhein-Westfalen umgerechnet knapp ein Drittel desses als pro-Kopf-Einkommen zur Verfügung, was Deutschen zur Verfügung steht (vgl. Sauer u. Goldberg, 2006, S. 12).

[22]2001 waren 14% der ausländischen Selbständigen unter 30 Jahre alt, die meisten waren zwischen 31-45 Jahre alt. Die meisten deutschen Selbständigen waren zwischen 46 und 65 Jahre alt (vgl. Leicht u. a., 2001, S. 45). Das Durchschnittsalter der Selbständigen mit türkischem Migrationshintergrund lag 2005 bei 37,2 Jahren, was dafür spricht, daß in besonderem Maße die zweite Zuwanderergeneration in die Selbständigkeit strebt (vgl. ZfT, 2006).

7% der ausländischen Jugendlichen wählen die berufliche Selbständigkeit direkt nach dem Schulabschluß, der Ausbildung oder dem Studium (vgl. Leicht, 2005a, S. 19). Ihre Beweggründe sind - je nach schulischer Vorqualifizierung - unter anderem mangelnde Sekundärmöglichkeiten, höherer Verdienst, Einband in den Familienbetrieb, Vermeidung der schlechten Chancen auf dem Ausbildungsstellenmarkt wie auch höhere Risikobereitschaft (ebd.).

Die Zahl Selbständiger mit türkischem Migrationshintergrund hat in den letzten Jahren stark zugenommen, wobei diese zwar über höhere Bildungszertifikate als ihre Landsleute in einem abhängigen Beschäftigungsverhältnis verfügen, ihre Bildungsqualifikation aber deutlich schlechter als jene der deutschen Selbständigen ist (vgl. Bundesregierung, 2005, S. 52).

Qualifikationsniveau	Selbständigenquote				
	Deutsche	Türken	Griechen	Italiener	übrige Ausländer
Max. Hauptschulabschluß	5,4	3,7	9,5	7,9	2,4
Hauptschulabschluß und Lehre	9,7	6,8	20,7	12,2	6,2
Mittlere Reife und Lehre	8,5	6,1	15,3	12,9	8,0
Abitur und Lehre	10,6	6,0	11,4	21,7	11,0
FH-/Universitätsabschluß	17,0	15,6	17,6	22,4	19,9

Abbildung 7.5: Selbständigenquote nach vorhandenem Qualifikationsniveau bei ausgewählten Nationalitäten (2000). (Quelle: Leicht, 2005a, S. 22; Eigene Darstellung)

Generell sind Personen mit Fachhochschul- oder Hochschulabschluß unter den Selbständigen deutlich häufiger vertreten als in den übrigen Berufsgruppen (vgl. DESTATIS, 2006b, S. 95). *Für* die hohe Bedeutung sowohl der schulischen als auch der beruflichen Vorbildung für die Selbständigkeit spricht die Tatsache, daß die Selbständigenquote bei Selbständigen mit türkischem Migrationshintergrund bei einem vorhandenen Hochschulabschluß mit 15,6% dreimal höher liegt als im Durchschnitt (vgl. Leicht, 2005a, S. 22). Haben die Selbständigen einen Fachhochschul- oder Hochschulabschluß, so weisen die deutschen Selbständigen mit gleichem Abschluß lediglich einen um 1,4% höheren Anteil gegenüber den Selbständigen mit türkischem Migrationshintergrund auf (Abbildung 7.5). Der zuletzt genannte Aspekt zeigt deutlich den positiven Zusammenhang zwischen einem hohem Bildungsabschluß und Selbständigkeitsaspiration bei Existenzgründern mit türkischem Migrationshintergrund. Des Weiteren wird aus Abbildung 7.5 ersichtlich, daß bei allen Kombinationen aus *Schulabschluß und anschließender Lehre* Selbständige mit türkischem Migrationshintergrund eine deutlich niedrigere Selbständigenquote aufweisen als deutsche Selbständige mit vergleichbarer Qualifizierung. Sobald das Kriterium der zusätzlichen betrieblichen Ausbildung wegfällt (außer bei maximalem Hauptschulabschluß als einzigem Qualifizierungsniveau), erhöht sich die Selbständigenquote unter den Selbständigen mit türkischem Migrationshintergrund dagegen deutlich und erreicht die gleiche Wirkung wie bei Deutschen (vgl. Leicht, 2005a, S. 22).

Aus dieser Beobachtung heraus stellt sich in der politischen Diskussion die Frage, ob die Bedeutungsbeimessung des Faktors „Bildung" als Zugangsvoraussetzung für berufliche Selbständigkeit zu hoch ausfällt. Im Zusammenhang mit dieser Überlegung sollte die hohe Schließungsquote, die starke Fluktuation sowie die kurze Geschäftsdauer der Selbständigen mit türkischen Migrationshintergrund berücksichtigt werden. Außerdem ist zu beachten, daß viele dieser Unternehmen in Gastronomie oder Handel eine wesentlich geringere Überlebenschance hätten, wenn nicht der „Stellenpool Verwandtschaft" wäre (Jacobs, 2003), bei dem ein Teil der Familienmitglieder seine Arbeitskraft kostenlos zur Verfügung stellt. Es gilt auch hier: „Je qualifizierter die Ausbildung und der Ersteintrittsberuf, desto höher die berufliche Stabilität" (Mayer, 2000, S. 388).

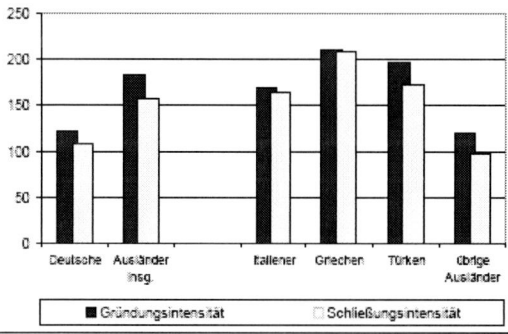

Abbildung 7.6: Gründungen und Schließungen pro 10.000 Erwerbspersonen nach Staatsangehörigkeit (2004) (Quelle: Leicht, 2005a, S. 7)

Daraus resultierend ergibt sich eine verhältnismäßig kurze durchschnittliche Erfahrungsdauer der Selbständigen mit türkischem Migrationshintergrund von 8,9 Jahren (vgl. ZfT, 2006). 2004 kamen (gemessen an der deutschen Erwerbsbevölkerung) auf 10.000 deutsche Erwerbstätige etwa 122 Gründungen durch Deutsche. Auf 10.000 Erwerbspersonen mit türkischem Migrationshintergrund kamen 197 Gründungen (Abbildung 7.6), was für einen ausgeprägten Gründermut spricht.

Die Erfolgschancen selbständiger Migranten sind demnach weitgehend von der beruflichen Vorbildung abhängig, da diese auch fundierte Branchenkenntnisse vermittelt. Bei Unternehmensgründern mit Migrationshintergrund ist eine im Vergleich zu deutschen Unternehmensgründern beachtlich geringere Branchenerfahrung[23] festzustellen (vgl. Leicht, 2005b, S. 3). Viele Branchenneulinge mit türkischem Migrationshintergrund gründen ihr Unternehmen unter Einsatz ihrer persönlichen Ressourcen und mit hohem Arbeitseinsatz innerhalb der hart wettbewerbsumkämpften Branchen wie dem Handel, den persönlichen Dienstleistungen und der Gastronomie (vgl. Leicht, 2005b, S. 2). Diese Branchen zeichnen sich durch ein hohes Geschäftsrisiko und eine niedrige qualifikatorische Zugangsschwelle aus. Gleichzeitig setzen sie eine starke Arbeitsmotivation, ausgeprägte Leistungsbereitschaft sowie eine hohe zeitliche Selbstbeteiligung voraus. Hier treffen wenig lukrative aber hoch wettbewerbs- und arbeitsintensive Bereiche aufeinander, was zu einer hohen Gründungsquote, aber auch zu einer hohen Marktaustrittsquote der Existenzgründer mit türkischem Migrationshintergrund führt (vgl. Leicht, 2005b, S. 3). Generell ist laut René Leicht das Problem einer unzureichenden realistischen Selbsteinschätzung bei Selbständigkeitsaspiranten mit Migrationshintergrund zu beobachten (vgl. Leicht, 2005b, S. 7A).

Auch in Hinblick auf die nachwachsenden Generationen[24] sollte der schulischen und beruflichen Qualifizierung der Selbständigen besondere Aufmerksamkeit gewidmet werden.

Das Phänomen der Selbständigkeit von Migranten mit niedriger Qualifizierung ist auch unter dem Aspekt zu betrachten, daß einerseits aus ehemaligen Arbeitsplatznachfragern durch die Selbständigkeit potentielle Arbeitsplatz- und Ausbildungsplatzanbieter werden, was durchaus zu einem positiven Integrationseffekt durch das Entstehen eines neuen Mittelstandes mit Migranten führen

---

[23]20% der deutschen Selbständigen verfügen über keinerlei, 20% über weniger als fünf Jahre und 60% über mehr als fünf Jahre Branchenerfahrung. Unternehmensgründer mit türkischem Migrationshintergrund sind zu 40% ohne jede Branchenkenntnis, etwa 28% verfügen über weniger als fünf Jahre und ca. 32% über mehr als fünf Jahre Branchenerfahrung (vgl. Leicht, 2005b, S. 6A).

[24]Die berufliche Stellung der Eltern hat signifikanten Einfluß auf das Bildungsverhalten der Kinder: Obwohl unter den Studierenden in Deutschland der Anteil an Selbständigenkindern seit 1973 insgesamt abgenommen hat, liegt ihr Anteil (21%) immer noch deutlich über dem Anteil der Arbeiterkinder (16,0%) (vgl. Weißhuhn u. Rövekamp, 2004, S. 81).

kann. Es kann jedoch auch lediglich ein Wechsel von einer marginalen Arbeiterbeschäftigung zum marginalen Unternehmer sein. Was als bessere Lösung anzusehen ist, bleibt der individuellen Einschätzung des entsprechenden Existenzgründers überlassen. Bildungszertifikate stellen in der BRD die Basis für beruflichen Erfolg dar.

Positionen auf dem Arbeitsmarkt können langfristig meist nur dann für Erwerbstätige mit und ohne Migrationshintergrund gesichert werden, wenn der Bildungsprozess in Form des lebenslangen Lernens beibehalten wird. Die Tendenz zum Wissensverfall[25] führt dazu, daß auch in der Selbständigkeit berufliches und fachliches Know-How ständig erweitert und verbessert werden muß.

7.6 Novellierung der Handwerksordnung

Handwerksbetriebe sind am häufigsten bereit, ausländische Jugendliche trotz niedriger schulischer Qualifikation bei entsprechenden Kompetenzen und bei Eignung auszubilden. Ausländer sind unter den abhängig Beschäftigten im Handwerk überproportional vertreten (vgl. Leicht, 2005a, S. 12). Seit der Abschaffung des Meistertitels für 53 Berufe als Voraussetzung für das Führen eines Handwerksbetriebes ist eine handwerkliche Ausbildung für Jugendliche mit türkischem Migrationshintergrund auch im Hinblick auf eine spätere berufliche Selbständigkeit interessant. Die Zugangsschwelle zur Selbständigkeit im Handwerk wurde durch die Novellierung deutlich niedriger angesiedelt.

Seit der Novellierung des Handwerksrechts zum 01.01.2004 ist ein Ansteigen der Selbständigenzahlen im Handwerk, vor allem im B1-Bereich[26], zu verzeichnen (vgl. BMWi, 2006, S. 6). Die Neugründungen im B1-Handwerk konzentrieren sich stark auf Gebäudereiniger, Raumausstatter, Photographen, Fliesenleger, Damen- und Herrenschneider (vgl. BMWi, 2006, S. 2). Viele dieser Gründungen wurden als Ich-AG gefördert und erhielten finanzielle Unterstützung durch Überbrückungsgeld (ebd.). Die meisten Gründer im B1-Handwerksbereich verfügen nicht über fachspezifische Qualifikationen (vgl. BMWi, 2006, S. 3).

Im B2-Bereich[27] dürfen verschiedene Tätigkeiten aus dem zulassungsfreien Bereich gleichzeitig angeboten werden (vgl. BMWi, 2006, S. 1). Dies kann möglicherweise durch seine Kundenfreundlichkeit einen wichtigen Marktvorteil darstellen.

Bisher gab es in den „lukrativen Sektoren und den Sektoren, in denen höhere Qualifikationen erforderlich sind" (Torlak u. a., 2005, S. 39) für ausländische Firmenbesitzer noch Beschränkungen, da in vielen Bereichen ein Meisterbrief erforderlich war. Dies hat sich durch die Novellierung der Handwerksordnung geändert. Auch wenn heute ein Betrieb mit Meisterpflicht[28] eröffnet werden soll, der Betriebsinhaber aber selbst nicht Meister ist, genügt auch die Anstellung eines Meisters als technischer Betriebsleiter (vgl. BMWi, 2006, S. 2).

Insbesondere für Selbständige mit Migrationshintergrund und ohne Berufsausbildung bedeutet die Novellierung der Handwerksordnung die Möglichkeit zur Betätigung in Branchen, die ihnen bisher als Selbständige nicht oder nur schwer zugänglich waren. Es bleibt abzuwarten, inwieweit

---

[25]Wissensverfall im Sinne der abnehmenden Halbwertzeit des Wissens: Die Halbwertzeit des Schulwissens wurde 1998 von IBM mit etwa (geschätzten) 20 Jahren angesetzt, beim Wissen aus dem Studium bei zehn Jahren, beim spezifischen Fachwissen für die meisten Berufe bei etwa fünf Jahren und in technischen Berufen bei lediglich drei Jahren (vgl. Giarini u. Liedtke, 1998, S. 104).

[26]Anlage B1 zur Handwerksordnung: Zulassungsfreie Handwerke (ohne Meisterpflicht) zum Beispiel Estrichleger, Parkettleger, Damen-und Herrenschneider usw. (vgl. BMWi, 2006, S. 4).

[27]Anlage B2 zur Handwerksordnung: Handwerksähnliche Gewerbe (ohne Meisterpflicht) zum Beispiel Bodenleger, Speiseeishersteller (mit Vertrieb von Speiseeis mit üblichem Zubehör), Fahrzeugverwerter, Änderungsschneider, Bestattungsgewerbe, Teppichreiniger (vgl. BMWi, 2006, S. 5). Als 1965 der erste Italiener bei der IHK Düsseldorf eine Konzession für seine Eisdiele beantragte, bedeutete dieses Unterfangen noch ein zähes Ringen um die Erlaubnis seitens des zukünftigen Selbständigen (vgl. Sen u. Goldberg, 1994, S. 37).

[28]Anlage A zur Handwerksordnung: Handwerke mit Meisterpflicht. Insgesamt sind hier noch 41 Handwerke verzeichnet (u.a. Dachdecker, Schornsteinfeger, Gerüstbauer, Fleischer, Friseur, Kälteanlagenbauer) (vgl. BMWi, 2006, S. 4).

die Novellierung der Handwerksordnung zur Erhöhung des Anteils an Selbständigen mit türkischem Migrationshintergrund im Handwerk im Laufe der Zeit beiträgt.[29]

Das Bundesministerium für Wirtschaft und Technologie empfiehlt Gründern ohne Meisterbrief, die sich mit einem Handwerksbetrieb selbständig machen möchten, möglichst mit speziellen Leistungen und/oder einem bereits existierenden Kundenstamm in die Selbständigkeit zu gehen (vgl. BMWi, 2006, S. 3). Für Selbständige mit türkischem Migrationshintergrund könnte die Turkish Community ökonomischen Rückhalt geben, denn hier setzt sich die Kundschaft zu einem hohen Anteil aus dem innerethnischen Personenkreis zusammen (siehe Kapitel 8).

---

[29] 2005 hatten insgesamt 16,9% der Selbständigen mit türkischem Migrationshintergrund einen Betrieb im Handwerk, im verarbeitenden Gewerbe oder im Baugewerbe. Im Handel betrug ihr Anteil 34,6%, in der Gastronomie 25,7% und in der Dienstleistungsbranche 22,8% (vgl. ZfT, 2006). Derzeit werden 4,5% aller registrierten Handwerksbetriebe in der BRD von Selbständigen mit türkischem Migrationshintergrund geführt. Unter ihnen verfügt jeder fünfte Selbständige über einen Meistertitel (vgl. Leicht, 2005a, S. 12).

8 Entwicklung der beruflichen Selbständigkeit unter Deutschen und Ausländern in der BRD

Ludwig Georg Braun (DIHK-Präsident) erklärte: „Unternehmer sein, das heißt Chancen aufspüren, Ideen verwirklichen und Freude an der Verantwortung haben. Unternehmer sein bedeutet aber auch Fleiß, Mut, Risikobereitschaft und Durchhaltevermögen zu haben. Auf diese Ressourcen ist das rohstoffarme Deutschland noch stärker als andere Nationen angewiesen. Schon demografiebedingt wird es in gut vier Jahrzehnten über eine halbe Million weniger Selbständige geben. Wir müssen heute handeln, um Unternehmertum als Basis für Wachstum und Beschäftigung zu sichern" (IHK, 2007).

Der seit Jahren wachsende Anteil unternehmerischer Aktivitäten von Personen mit Migrationshintergrund gehört zu den auffälligsten Entwicklungen am deutschen Arbeitsmarkt (vgl. Leicht, 2005a, S. 3). Durch diese Entwicklung kommt es zunehmend zur Bildung eines auständischen Mittelstands. Die steigende Zahl der Betriebsgründungen sowie das gestiegene Angebot freiberuflicher oder gewerblicher Dienstleistungen können dabei laut Kai-Uwe Beger durchaus als Indikator für die Dauerhaftigkeit des Aufenthaltes der Arbeitsmigranten gewertet werden (vgl. 2000, S. 29).

Ethnische Ökonomie[1] kann zum Katalysator im Hinblick auf den Zugang zum formalen Arbeitsmarkt werden. Berufliche Selbständigkeit ist eine Form des sozialen Aufstiegs, die aus der Konkurrenzsituation um Arbeitsplätze in der abhängigen Beschäftigung herausführt. Arbeitslosigkeit stellt für diejenigen Personen ein zusätzliches Identitätsproblem dar, die sich stark mit ihrem Beruf und ihrer Arbeit identifizieren. Berufliche Selbständigkeit kann daher auch den Versuch und die Möglichkeit darstellen, die Identität aufrecht zu erhalten oder wieder zu erlangen. Zu den klassischen Charakteristika der ethnischen Ökonomie zählt die hohe Konzentration auf bestimmte Branchen und eine starke räumliche Konzentration, die mit einer hohen innerethnischen Solidarität aber auch starkem innerethnischem Konkurrenzdruck einhergeht, welcher sich in einem lokalen Überangebot niederschlägt (vgl. Leicht, 2005b, S. 2).

---

[1] Aus Sicht des Sachverständigenrates für Zuwanderung und Integration gilt es als umstritten, *ob sich* in der BRD bislang ethnische Ökonomien herausgebildet haben, denn „die Art der von Ausländern geführten Selbstständigenbetriebe weist [...] darauf hin, daß es sich überwiegend um Existenzgründungen mangels alternativer Beschäftigungsangebote handelt" (BAMF, 2004, S. 96). Aus dieser Sicht kann kaum von ethnischen Ökonomien im engeren Sinne gesprochen werden, d.h. daß sie den strukturellen Kern von „Parallelgesellschaften" mit einer ethnisch strukturierten Vergabe sozialer Chancen bilden (ebd.).

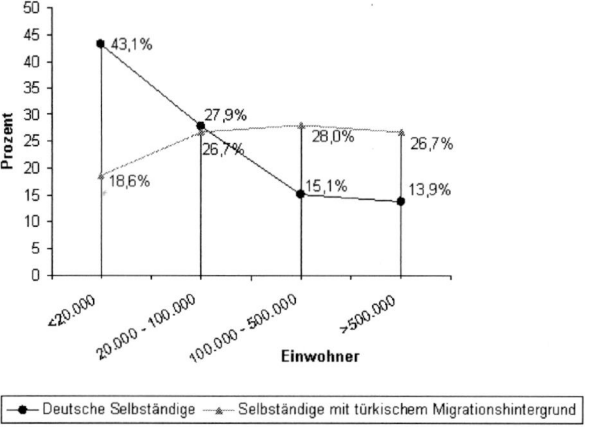

Abbildung 8.1: Räumliche Konzentration deutscher und türkischer Selbständiger 2005 (in Prozent). (Quelle: Leicht, 2005b, S. 5A; Eigene Darstellung)

Die Unternehmen der deutschen Selbständigen konzentrieren sich in Städten bis 20.000 Einwohner. Im Gegensatz dazu bevorzugen Selbständige mit türkischem Migrationshintergrund Städte von 100.000-500.000 Einwohner (Abbildung 8.1), wobei sich hier allmählich eine Tendenz zur Dekonzentration bemerkbar macht.

Ausgewählte Merkmale	Herkunft			
	türkisch	**griechisch**	**italienisch**	**Ausländer insgesamt**
Anzahl Selbständige				
ausländische	43.000	26.000	46.000	286.000
+ eingebürgerte	17.500	1.500	3.500	
ausländischstämmige insgesamt	60.500	27.500	49.500	
Anteil an allen ausländischen Selbständigen	15,0%	9,1%	16,1%	100,0%
Selbständigenquote	5,8%	15,5%	13,1%	9,6%
Entwicklung seit 1991	+ 21.000	+ 5.000	+ 16.000	+ 111.000
relative Veränderung	+ 95%	+ 24%	+ 53%	+ 63%
Selbständigenquote	+ 3%-Pkt.	+ 4%-Pkt.	+ 4%-Pkt.	+ 3%-Pkt.

Abbildung 8.2: Übersicht zur quantitativen Bedeutung ausländischer und ausländischstämmiger Selbständigkeit in Deutschland. (Quelle: Leicht, 2005a, S. 5; Eigene Darstellung)

Betrachtet man Selbständige[2] mit türkischem Migrationshintergrund im Vergleich zu griechischen oder italienischen Selbständigen, so ist hier zwischen 1991 und 2004 die stärkste Entwicklung mit der höchsten relativen Veränderung (+95%) zu verzeichnen (Abbildung 8.2). Die Zahl der Selbständigen mit türkischem Migrationshintergrund hat sich zwischen 1991 und 2004 in etwa verdoppelt (vgl.

---

[2] „Als Selbständiger gilt, wer einen Betrieb oder eine Arbeitsstätte gewerblicher oder landwirtschaftlicher Art wirtschaftlich und organisatorisch als Eigentümer/innen oder Pächter/innen leitet [...] ungeachtet des Umfangs der unternehmerischen Tätigkeit oder Beschäftigung weiterer Mitarbeiter" (Leicht u. a., 2001, S. 5).

Leicht, 2005a, S. 6). Dies bedeutet gleichzeitig einen prozentualen Zuwachs bei den Selbständigen mit türkischem Migrationshintergrund um das Vierfache der deutschen Selbständigen (vgl. Bundesregierung, 2005, S. 52). Zu berücksichtigen ist hierbei jedoch das vorweg niedrigere Ausgangsniveau dieses Personenkreises.[3] Bezogen auf den Migrationshintergrund inklusive eingebürgerter Selbständiger stellen Selbständige mit türkischem Migrationshintergrund die weitab größte Gruppe.[4]

Um die Betriebskosten in den durch intensiven Wettbewerb gekennzeichneten Bereichen Gastronomie und Handel niedrig zu halten, wird einerseits verstärkt mit der kostenlosen Arbeitskraft mithelfender Familienmitglieder gerechnet[5], andererseits werden aber auch möglichst kostengünstig Mitarbeitern mit türkischem Migrationshintergrund beschäftigt, um den harten Wettbewerbsbedingungen standhalten zu können.[6]

Für selbständige Unternehmer ist es sinnvoll, sich in zukunftsträchtigen Branchenbereichen anzusiedeln. Um die entsprechende Branchenerfahrung zu sammeln, ist eine vorherige Ausbildung und gegebenenfalls eine anschließende branchenkonforme Tätigkeit im jeweiligen Beruf sinnvoll. Jugendliche mit türkischem Migrationshintergrund haben jedoch am ehesten Ausbildungschancen in Berufen, welche den deutschen Schulabgängern aufgrund relativ ungünstiger Arbeitszeiten und Arbeitsbedingungen, den geringen Verdienstmöglichkeiten, der geringeren Aufstiegschancen, der ggf. geringeren Übernahmechance oder eines höheren Arbeitsplatzrisikos weniger attraktiv erscheinen (vgl. Granato, 2001). Dies läßt den Rückschluß zu, daß, selbst wenn sie einen Ausbildungsplatz in diesen Branchen finden und sich in diesem Marktsektor später selbständig machen, die zu erwartende Wettbewerbsquote hoch und die Verdienstmöglichkeit gering sein wird.

Da Türken sich als Kunden auch im Bereich der wissensintensiven Dienstleistungen wie Unternehmens-, Steuer- und Rechtsberatung, Kreditvermittlung oder Dolmetscherdienste bevorzugt innerhalb der eigenen Ethnie bewegen, besteht bei beinahe jedem zweiten dieser Selbständigen und Freiberufler der Kundenstamm zu 50% bis 100% aus Türken (vgl. leicht, 2005a, S. 11). Dieser anwachsende Bereich bietet insbesondere höherqualifizierten Personen mit türkischem Migrationshintergrund gute Zukunftsperspektiven, denn hier können Bilingualität und interkulturelle Kompetenzen gewinnbringend eingesetzt werden. Im nicht-wissensintensiven Bereich überwiegt die Zahl der selbständigen Migranten (55%), deren Kunden zu weniger als einem Viertel aus der eigenen Ethnie stammen (vgl. Leicht, 2005b, S. 3). In dieser Hinsicht stellt die Turkish Community eine Besonderheit dar: Die Mehrzahl der Kunden setzt sich aus Nicht-Türken zusammen, aber bei etwa jedem sechsten Selbständigen mit türkischem Migrationshintergrund setzt sich die Kundschaft zu einem Viertel bis zur Hälfte aus Personen der eigenen Ethnie zusammen, bei ca. 13% aller türkischen Betriebsinhaber zu mehr als der Hälfte (vgl. Leicht, 2005a, S. 11). Selbständige mit Migrationshintergrund, die sich ausschließlich von der Kaufkraft der eigenen Ethnie abhängig machen statt ihren Kundenkreis zu erweitern, sind wirtschaftlich weniger flexibel und bleiben einem großen innerethnischen Konkurrenzdruck ausgesetzt.

Unternehmen der Selbständigen mit türkischem Migrationshintergrund sind an erster Stelle im Handel, an zweiter Stelle im Gastgewerbe[7], an dritter Stelle im nicht-wissensintensiven Dienstleis-

---

[3] 1975 waren 2,6% aller ausländischen Erwerbstätigen selbständig (Deutsche: 9,8%). Bis 2003 erhöhte sich der Anteil ausländischer selbständiger Erwerbstätiger auf 9,6% und hatte damit beinahe den Anteil deutscher Selbständiger (10,4%) erreicht (vgl. Bundesregierung, 2005, S. 52).

[4] 2002 war unter den türkischen Selbständigen jeder Fünfte (21,2%) in Deutschland geboren worden (vgl. Bundesregierung, 2005, S. 52).

[5] Im Bereich der unternehmensnahen und freiberuflichen Dienstleistungen, die zu den wissensintensiven Dienstleistungen gehören, und in Unternehmen, deren Inhaber einem akademischen Beruf nachgeht, liegt die Zahl der beschäftigten Familienmitglieder deutlich unter dem Durchschnitt (vgl. Leicht, 2005a, S. 15).

[6] In türkischen Unternehmen gehören vier Fünftel der Beschäftigten der eigenen Ethnie an, dieser Anteil reduziert sich jedoch deutlich mit Zunahme höherer kognitiver Anforderungen an die Beschäftigten (vgl. Leicht, 2005b, S. 4). Etwa die Hälfte der Beschäftigten in diesen Unternehmen gehört zur Familie, wobei die Tendenz zur Beschäftigung unentgeltlich mithelfender Familienangehöriger bemerkbar ist (ebd.).

[7] Vor allem die türkischen Imbissanbieter profitieren von der zunehmenden Nachfrage nach „ethnischem Fast-Food" in

tungssektor und an vierter Stelle im Baugewerbe angesiedelt (vgl. Leicht, 2005a, S. 9). Bei unternehmensnahen und freiberuflichen Dienstleistungen sind Selbständige mit türkischem Migrationshintergrund mit 6% im Vergleich zu ihren deutschen Konkurrenten (25%) deutlich unterrepräsentiert (vgl. Leicht, 2005a, S. 10). Hierbei ist zu berücksichtigen, daß Eingebürgerte bzw. deutsche Selbständige ausländischer Herkunft tendenziell stärker in den unternehmensnahen und freiberuflichen Dienstleistungen zu finden sind als in der Gastronomie (ebd.). Dies erlaubt die Feststellung, daß „formal stärker Integrierte auch ein deutlich höheres Qualifikationsniveau aufweisen und daher auch Zugangsbeschränkungen zu bestimmten Segmenten viel eher überwinden können" (Leicht, 2005a, S. 10).

Selbständige mit Migrationshintergrund tragen in erheblichem Maße zur Schaffung von Arbeitsplätzen in kleinen und mittleren Unternehmen (KMU) bei.[8] Viele der aufgezeigten Merkmale der von Ausländern initiierten Unternehmensgründungen basieren nicht ausschließlich auf kultur- und herkunftsspezifische Faktoren, sondern stellen die typischen Merkmale eines stark durch Handel und Gaststättengewerbe geprägten traditionellen Mittelstandes dar (vgl. Leicht, 2005b, S. 4). Durch den Schritt in die Selbständigkeit ergibt sich für ganze Migrantenfamilien die Möglichkeit zum sozialen Aufstieg. Talente und social skills sowie interkulturelle Kompetenzen wie Sprachkenntnisse und kulturspezifisches Wissen, die auf dem regulären Ausbildungsstellen- und Arbeitsmarkt kaum Anerkennung gefunden hätten, können hier zum eigenen Vorteil eingesetzt werden.

Aus dem ursprünglich geplanten „Arrangement auf Zeit" wurde allmählich eine Zuwanderung in die BRD, die mit einem bedeutenden Wandel der deutschen Sozialstruktur in Form ethnischer und kultureller Pluralisierung einhergeht (vgl. BAMF, 2004, S. 95).

---

der BRD. Schätzungsweise neun von zehn türkischen Gastronomieangeboten entfallen auf den Fast-Food-Bereich, das entspricht derzeit etwa 13.000 Betrieben (vgl. Leicht, 2005a, S. 10). Die türkische Spezialität Döner Kebab, die in Berlin erfunden wurde, erreichte 1996 einen größeren Umsatz als die Hauptwettbewerber McDonalds oder Burger King (vgl. Torlak u. a., 2005, S. 39).

[8]2005 beschäftigten Selbständige mit türkischem Migrationshintergrund im Durchschnitt fünf Personen (1985: 3,5/ 1995: 4,1) (vgl. ZfT, 2006). Der durchschnittliche Anteil Beschäftigter mit türkischem Migrationshintergrund ist in türkischen Unternehmen des Gastgewerbes am höchsten (88,5%) gefolgt vom Handel (84,3%) und vom verarbeitenden Gewerbe inkl. Landwirtschaft (73,3%) (vgl. Leicht, 2005a, S. 16). Bei wissensintensiven Dienstleistungen liegt der durchschnittliche Anteil mit 62,1% am niedrigsten (ebd.). Die Unterrepräsentanz von Migranten in den Freien Berufen ist insbesondere das Ergebnis der geringeren Zahl an Hochschulabsolventen mit Migrationshintergrund (vgl. Leicht, 2005, S. 26).

9 Institutionelle Unterstützungen für Existenzgründer mit Migrationshintergrund

9.1 Hilfe in der Gründungsphase für Selbständige mit türkischem Migrationshintergrund

Am 20.09.1949 gab Konrad Adenauer, der erste Bundeskanzler der BRD, in der ersten Regierungserklärung vor dem Deutschen Bundestag folgende Erklärung ab: „Die Bundesregierung wird es sich besonders am Herzen liegen lassen, den Mittelstand in allen seinen Erscheinungsformen zu festigen und ihm zu helfen. Wir sind durchdrungen von der Überzeugung, daß dasjenige Volk das sicherste, ruhigste und beste Leben führen wird, das möglichst viele mittlere und kleinere unabhängige Existenzen in sich birgt " (zit.n. Schäfers, 1976, S. 54). Der inzwischen stark anwachsende Anteil Selbständiger mit türkischem Migrationshintergrund in der BRD wird als großes Wirtschaftspotential gesehen, das es zu fördern gilt.[1]

Eigeninitiative, Leistungsorientierung und Risikobereitschaft reichen als Erfolgskonzept für die berufliche Selbständigkeit nicht aus. Die verschiedenen Phasen der Selbständigkeit erfordern auch differenzierte Maßnahmen: Während in der Informations- und Qualifizierungsphase die ersten Impulse vom zukünftigen Selbständigen ausgehen, sollte spätestens zu Beginn der nun folgenden Planungsphase fachmännischer Rat hinzugezogen werden. Es gilt unter anderem einen realistischen Geschäftsplan aufzustellen, rechtliche Fragen abzuklären und die Finanzierung des Unternehmens in der Existenzgründerphase zu gewährleisten. Je früher Unterstützung in Form von Beratung in Anspruch genommen wird, desto effektiver und nützlicher kann diese umgesetzt werden. Es ist generell eine Frage des persönlichen Informationsstandes und Willens, welche dieser Hilfen in Anspruch genommen werden.[2]

Inzwischen wird besonderer Förderbedarf für Selbständigkeitsaspiranten gesehen, der durch Sondermaßnahmen unterstützt wird. Unter anderem startete im Januar 2003 die Mittelstandsoffensive „pro Mittelstand" durch das Bundesministerium für Wirtschaft und Arbeit (BMWA). Der Schwerpunkt dieser Fördermaßnahme liegt bei der Existenzgründerberatung von Selbständigen ausländischer Herkunft (vgl. Bundesregierung, 2005, S. 53). Angehende Selbständige können im Zuge der „IHK-Starthilfe und Unternehmensförderung" Basisinformationen zur Selbständigkeit und Gründerberatung in Anspruch nehmen, in deren Rahmen auch die Erstellung des Business-Plans erfolgt (vgl. DIHK, 2006b, S. 6).

Ungeachtet der aufgezeigten qualifikatorischen Unzulänglichkeiten wird die anwachsende Ausbildung eines ausländischen Mittelstandes durch Selbständige mit Migrationshintergrund in der BRD

---

[1]Da laut der Mittelstandsbeauftragten der Bundesregierung und Parlamentarischen Staatssekretärin beim Bundesministerium für Wirtschaft und Technologie (BMWi), Margareta Wolf, Unternehmer mit türkischem Migrationshintergrund in Deutschland durch ihre vielfältigen Beziehungen zur türkischen Wirtschaft eine „Brückenfunktion in den bilateralen Wirtschaftsbeziehungen einnehmen", soll das Potential von türkischstämmigen Existenzgründern noch stärker erschlossen werden (vgl. aid, 2002). Als wichtige Voraussetzung gilt der Zugang türkischstämmiger Existenzgründer zu dem notwendigen Eigen- und Fremdkapital, wobei die Angebote der Kammern und öffentlichen Verwaltungen verstärkt auf die Bedürfnisse der Unternehmer mit türkischem Migrationshintergrund in Deutschland ausgerichtet werden sollen (ebd.).

[2]Deutsche Institutionen werden von Selbständigen mit Migrationshintergrund selten als Interessensvertreter wahrgenommen und akzeptiert. Viele Migranten gehen auf Distanz zu Behörden, weil sie diese in der Heimat als machtvoll und unnahbar erlebt haben (vgl. BMWi, 2005, S. 2). Auch negativ wahrgenommene Erfahrungen mit den Aufenthaltsberechtigungsbehörden könnten zur festgestellten Vermeidungshaltung gegenüber deutschen Behörden und Institutionen beitragen.

als Integrationssignal und als Ausweg aus prekären Beschäftigungssituationen gewertet. Diverse Institutionen sowie Politik und Wirtschaft bemühen sich gleichermaßen durch Beratung, Begleitung und Hilfestellung vor und während der Unternehmensgründung zusätzliche Unterstützungsleistungen für Selbständige mit Migrationshintergrund zu erbringen. Es werden Beratungen in neu geschaffenen Gründungscentern sowie eine Vielzahl an Gründertagen, Informationsveranstaltungen, Existenzgründerseminaren und Workshops für Gründungsinteressierte angeboten[3], welche jedoch von ausländischen Gründern nur spärlich besucht werden. Aus berufspädagogischer Sicht ist die Beratung der Selbständigkeitsaspiranten mit Migrationshintergrund von hoher Bedeutung, da zukünftigt verstärkt in ausländischen Betrieben ausgebildet werden soll (siehe Kapitel 9.2.2).

Eine erfolgreiche Gründung setzt in der Gründungsphase eine gute Vorbereitungsleistung mit genauer Planung einschließlich eines Geschäftskonzeptes voraus. So stellt beispielsweise die Kenntnis der Zulassungsvoraussetzungen für das jeweilige Handwerk eine wesentliche Grundlage für eine geplante Existenz im Handwerksbereich dar (vgl. BMWi, 2006, S. 3). Kaufmännisches Know-How kann unter anderem auch bei Existenzgründerseminaren der Handwerkskammern erlangt werden. Wer als angehender Selbständiger keine entsprechenden Kenntnisse hat, ist auf die Inanspruchnahme professioneller Hilfe angewiesen. Diese wird in vielfältiger Weise kostenlos oder kostengünstig als Beratung und Hilfestellung explizit auch für Existenzgründer mit Migrationshintergrund von unterschiedlichen staatlichen und Institutionen der Wirtschaft angeboten.[4]

Unternehmerisches Handeln setzt die Fähigkeit zur Kommunikation und Institutionenwissen voraus, daher spielen Sprach- und Integrationskurse auch für die Gründungs- und Selbständigkeitsförderung eine bedeutende Rolle (vgl. Leicht, 2005a, S. 26). Die vermutete Kommunikationskompetenz in einer Sprache, die üblicherweise nicht zum regulären schulischen Fremdsprachenrepertoire in der BRD gehört, sowie migrationsbedingte Kulturkompetenz sind als Vorteil zu werten.

Ein wichtiger Punkt beim Gründungsverhalten ist der Zeitbegriff, den Migranten zum Teil haben. Zeit ist für viele fließend und nicht knapp oder begrenzt. Der Gründungszeitpunkt entspricht deshalb nach Erfahrungen des BMWi bei Migranten selten dem Fortschritt im Gründungsprozess (vgl. BMWi, 2005, S. 2). Hinsichtlich des zeitlichen Rahmens zwischen dem ersten Aufkommen der Selbständigkeitsidee und deren Realisierung gibt es kaum Differenzen zwischen Selbständigen mit Migrationshintergrund und deutschen Selbständigen: Bei einem Drittel der Selbständigen lagen über vier Jahre zwischen diesen beiden Eckdaten, bei einem weiteren Drittel lagen maximal zwölf Monate dazwischen (vgl. Leicht, 2005a, S. 19). Allerdings gibt es wesentliche Unterschiede im Umgang mit der zur Verfügung stehenden Zeit bis zur Gründung: Selbständige mit Migrationshintergrund nehmen während der vorbereitenden Informations- und Planungsphase deutlich weniger Hilfe und Förderung durch Institutionen in Anspruch als dies bei deutschen Selbständigen zu beobachten ist.

Selbständigkeitsaspiranten müßen ihre Ressourcen nutzen, um den Wunsch nach beruflicher Selbständigkeit auf Dauer erfolgreich realisieren zu können. Die Voraussetzung für die Gewährung pekuniärer Unterstützungsleistungen seitens einer Institution ist deren fristkonforme Beantragung. Hier liegt für viele Selbständigkeitsaspiranten mit Migrationshintergrund die Hemmschwelle, denn es bestehen ausgeprägte Vorbehalte gegenüber Behörden und Institutionen, die sie davon abhalten, mögliche finanzielle Förderung und Hilfestellung zu erfragen (vgl. BMWi, 2006, S. 2). Zu den Gründen für die gezeigte Beratungsresistenz[5] zählen auch Uninformiertheit über die institutionellen Möglichkeiten in der BRD oder Angst, wegen fehlender Humanressourcen keine Finanzmittel be-

---

[3]Alleine bei den IHKs finden pro Jahr über 70.000 Gründungsberatungen und mehr als 300.000 weitere Einstiegsinformationen für Gründer statt (vgl. IHK, 2007).

[4]Als Beratungseinrichtung für Existenzgründer in Baden-Württemberg bietet sich unter anderem die Einrichtung „Deutsch-Türkisches Wirtschaftszentrum Mannheim (dtw)" an, das für ausländische/türkische Existenzgründer und türkische Unternehmer Beratung, Seminare und Coaching anbietet (vgl. BMWi, 2005, S. 3).

[5]Weniger als die Hälfte der Migranten nimmt vor der Existenzgründung das vielseitige Beratungsangebot in Anspruch (vgl. Leicht, 2005b, S. 4).

willigt zu bekommen. Außerdem bestehen zum Teil Bedenken, einer Behörde gegenüber finanzielle Ressourcen offenlegen zu müßen. *Wenn* Selbständige mit Migrationshintergrund Beratung suchen, so konsultierten zwei Drittel selten öffentliche Beratungsstellen, Kammern oder Banken. Sie bevorzugen die Dienste von Unternehmensberatern, Rechtsberatern oder Steuerberatern (vgl. Leicht, 2005a, S. 23). Viele Selbständige mit türkischem Migrationshintergrund suchen ausschließlich Rat bei Freunden und Bekannten. Hierbei werden wichtige Informationsquellen hinsichtlich Förderungs- und Finanzierungsmöglichkeiten oder auch aktueller gesetzlicher Bestimmungen oft nicht zur Kenntnis genommen (vgl. BMWi, 2005, S. 1). Da sie zudem selten an vorbereitenden Schulungen oder Beratungsmaßnahmen teilnehmen, obwohl diese zum Großteil kostenlos und in unterschiedlichen Sprachen angeboten werden, basiert ihr Informationsstand zu Fördergeldern[6] oder zu betriebswirtschaftlichen Regeln mehr oder weniger auf Erfahrungswissen und Hören-Sagen.[7]

Heute finden Selbständigkeitsaspiraten mit Migrationshintergrund Unterstützung und Förderung unter anderem beim Bundesministerium für Wirtschaft und Technologie (BMWi), bei den Wirtschaftsjunioren Deutschland, durch die Beratertätigkeit der Industrie- und Handelskammern oder bei den Handwerkskammern. Seit 1992 erhalten ausländische Selbständige konkrete Hilfestellung z.B. durch die Vermittlungsstelle für ausländische Existenzgründer am Zentrum für Türkeistudien in Essen.[8] Vertrautheit mit dem landestypischem Geschäftsgebaren, mit Gesetzen, Normen und Gepflogenheiten des Gastlandes sind förderliche Voraussetzung für die ökonomische Erfolgsaussicht Selbständiger (vgl. Leicht u. a., 2001, S. 7). Häufig fehlt es Selbständigen mit Migrationshintergrund an Kenntnissen im administrativen Bereich (Informationen über Zuständigkeiten, Strukturen, Beratungs- und Förderangebote sowie rechtliche Wege).

---

[6]Beispielsweise können Empfänger von Arbeitslosengeld II seit Januar 2005 von der Agentur für Arbeit ein Einstiegsgeld als Gründungsförderung erhalten (vgl. DIHK, 2006b, S. 4). Die Verschärfung der Fördervoraussetzungen für arbeitslose Gründungsinteressierte hat allerdings seitdem zu einem deutlichen Rückgang der Nachfrage nach einer Existenzgründung geführt (vgl. DIHK, 2006b, S. 3).

[7]Deutsche Gründer greifen dreimal so oft wie Gründer mit Migrationshintergrund auf staatliche Fördermittel zurück, was in Zusammenhang mit fehlenden Informationen, fehlendem Interesse, Beratungsverweigerung oder fehlender Antragstellung von Seiten der Gründer mit Migrationshintergrund zu sehen ist (vgl. Leicht, 2005a, S. 23).

[8]Die Aufgabe der Vermittlungsstelle besteht darin, durch die Förderung von Kontakten und Erweiterung des Informationsangebots die Verbindung zwischen den vorhandenen Institutionen im Beratungs- und Finanzierungsbereich mit den ausländischen Existenzgründern und Selbständigen zu fördern und auszubauen (vgl. Sen u. Goldberg, 1994, S. 40).

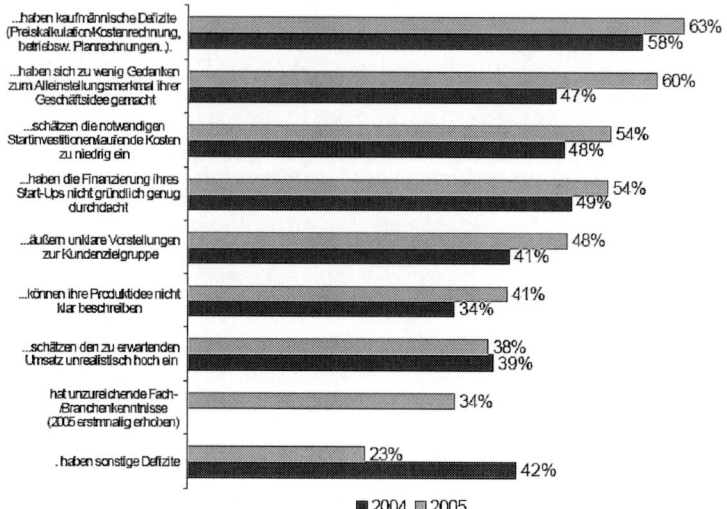

Abbildung 9.1: Defizite bei der Unternehmensgründung 2004/2005 (Prozent der Gründer in der IHK-Gründungsberatung) (Quelle: DIHK, 2006b, S. 16)

Während der Begriff der „Kultur der Selbständigkeit" im Raum steht, melden die IHKs einen generellen, verstärkten Zustrom beruflich und schulisch niedrig qualifizierter Gründungsinteressenten, die über keine kaufmännische oder unternehmerische Erfahrung verfügen (vgl. DIHK, 2006b, S. 8). Nach eigenem Bekunden fehlen bei der Existenzgründung etwa 10% der deutschen Selbständigen und etwa 25% der Selbständigen mit türkischem Migrationshintergrund kaufmännische und rechtliche Kenntnisse (vgl. Leicht, 2005a, S. 22). Es ist unbekannt, wieviele Selbständigkeitsaspiranten aufgrund fehlender Kenntnisse und Kompetenzen bereits vorab scheiterten oder aufgegeben haben. Die meisten deutschen und ausländischen Gründer wiesen 2005 Defizite im kaufmännischen Bereich auf (63%), hatten sich zum Alleinstellungsmerkmal zu wenig Gedanken gemacht (60%), schätzten die notwendigen Kosten für die Startinvestition zu niedrig ein (54%) oder hatten die Finanzierung ihres Start-Ups nicht gründlich genug durchdacht (54%) (Abbildung 9.1). Darüber hinaus haben viele Migranten weniger die Kundenwünsche als ihre geplante Dienstleistung oder ihr Produkt im Kopf. Infolge dessen unterschätzen sie die Konkurrenz[9] und nehmen die Standortfrage nicht ernst genug (vgl. BMWi, 2005, S. 2). Die Frage vor der Existenzgründung nach einem zahlungskräftigen Nachfrageklientel und wie sich das Angebot von der Konkurrenz unterscheidet sollte fester Bestandteil der Planung sein. Eine weitere wichtige Voraussetzungen für den Erfolg als Selbständiger in der BRD ist die Offenheit für das deutsche Kultur-, Sozial- und Wirtschaftsleben.[10] Vor allem sind deutsche Sprachkenntnisse das wichtigste Betriebsmittel, über das ein Unternehmer hierzulande verfügen muß (vgl. BMWi, 2005, S. 1). Falls die deutsche Sprachkompetenz nicht ausreichend sein sollte, wird eine vorherige entsprechende Sprachschulung empfohlen.

Die Erstellung eines Finanzplans ist von grundlegender Wichtigkeit für Selbständigkeitsaspiran-

---

[9]Da das erzielbare Einkommen stark von der Konkurrenzsituation auf dem Markt innerhalb der gleichen Branche abhängt, hat die Gründerberatung auch diesen Sachverhalt zu berücksichtigen und gegebenenfalls von der geplanten Standortwahl des Betriebes abzuraten.

[10]So sollten angehende Selbständige wissen, „wie sich die deutschen Kunden, Geschäftspartner und Konkurrenten sowie die deutschen Mitarbeiter verhalten, wie sie denken und was sie fühlen" (BMWi, 2005, S. 1).

ten, denn wie Umfragen der Handwerkskammern vom Frühjahr 2006 zeigen, können beispielsweise die wenigsten Neugründer in den zulassungsfreien Handwerken von ihrer Selbständigkeit tatsächlich leben (vgl. BMWi, 2006, S. 3). Da Selbständige mit türkischem Migrationshintergrund die Existenzgründung zumeist zum Haupterwerb planen (siehe Kapitel 7.4), sind die Angaben zum Finanzplan, zur Ertragsvorschau sowie der Liquiditätsplan sorgfältig zu prüfen. Die beobachtete starke Fixierung selbständiger Migranten auf arbeitsintensive Wirtschaftsbereiche birgt ein begrenztes Wachstumspotential in sich, weshalb die Gründungsförderung auch verstärkte Aktivitäten in den wissensintensiven freiberuflichen Dienstleistungen unternehmen sollte.

9.2 Selbständige mit türkischem Migrationshintergrund als Ausbildende und Ausbilder

Der größte Teil der Auszubildenden in der BRD geht traditionell in kleinen und mittleren Unternehmen (KMU)[11] in die Lehre. Die überwiegende Zahl der Unternehmen ausländischer Selbständiger ist in KMUs angesiedelt, so daß davon ausgegangen werden kann, daß hier noch Ausbildungspotential brach liegt, das es zu akquirieren gilt. Die ausländischen Unternehmerverbände in der BRD haben ihre Bereitschaft zur Schaffung von etwa 10.000 neuen Ausbildungsplätzen bis zum Jahr 2010 signalisiert. Außerdem sollen durch sie Unternehmen mit Inhabern ausländischer Herkunft verstärkt für die betriebliche Ausbildung motiviert werden (vgl. BMAS, 2006).

Ein hoher Anteil der Selbständigen mit Migrationshintergrund, die als Quereinsteiger ein Unternehmen gründen, sind mit dem dualen Ausbildungssystem und dessen Ausbildungsverordnungen nicht vertraut. Die erforderliche Aufklärungsarbeit über das deutsche System der Berufsausbildung innerhalb der Turkish Community ist für die berufliche Integration der Jugendlichen mit türkischem Migrationshintergrund von hoher Bedeutung. Hierzu stellt die Beauftragte der Bundesregierung für Migration, Flüchtlinge und Integration, Maria Böhmer, fest: „Ausländische Unternehmer, die Ausbildungsplätze anbieten, entlasten nicht nur den Arbeitsmarkt. Sie übernehmen auch eine wichtige Vorbildfunktion für Jugendliche und Eltern für eine verstärkte Teilhabe an der Ausbildung und damit an der Integration" (Bundesregierung, 2006). Um ausländische Unternehmer als Ausbildende gewinnen zu können, wird eine Vielzahl flankierender Maßnahmen angeboten, unter anderem in Form ausbildungsbegleitender Hilfen (z.B. berufsbezogene Sprachförderung der Jugendlichen mit Migrationshintergrund) oder auch sozialpädagogische Begleitung. Für Kleinbetriebe ist die organisatorische Unterstützung durch Nutzung der Verbundausbildung unter Einbeziehung eines externen Ausbildungsmanagements angedacht, wenn diese Betriebe leistungsschwächere oder benachteiligte jugendliche Migranten nicht ohne Hilfe ausbilden können (vgl. BMAS, 2006). Es wird davon ausgegangen, daß begleitende Fördermaßnahmen der überproportional hohen Ausbildungsabbruchquote der Jugendlichen mit Migrationshintergrund entgegenwirken (ebd.).

9.2.1 Das Projekt KAUSA

Im Zuge des „cultural mainstreaming"[12] wird versucht, durch spezielle Programme und Fördermaßnahmen die Bevölkerung mit Migrationshintergrund darin zu unterstützen, eigene Lebensziele zu verwirklichen und ihre Integration in die deutsche Gesellschaft zu erleichtern.

---

[11]Kleinstunternehmen: 1-9 Beschäftigte/ Kleinunternehmen: 10-49 Beschäftigte/ Mittlere Unternehmen: 50-499 Beschäftigte/ Großbetriebe: > 500 Beschäftigte. 2004 wurden 17% aller Auszubildenden in Kleinstbetrieben, 30% in Kleinbetrieben, 34% in Mittleren Unternehmen und 19% in Großbetrieben ausgebildet (vgl. BMBF, 2006b, S. 143).

[12]„Cultural mainstreaming" stellt einen Ansatz dar, mit dem die kulturelle Vielfalt der Einwanderungsgesellschaft als Fakt anerkannt und in allen Planungen, politschen Entscheidungen, institutionellen und praktischen Vorhaben der Aufnahmegesellschaft berücksichtigt wird (vgl. Bundesregierung, 2005, S. 96).

Die Bestrebungen von KAUSA[13], verstärkt Selbständige mit türkischem Migrationshintergrund als Ausbildende für Jugendliche mit Migrationshintergrund zu gewinnen, dürfte einerseits aufgrund der allgemein schlechten Ausbildungsplatzsituation der Migrantenjugendlichen auf offene Ohren stoßen, andererseits bilden Selbständige mit türkischem Migrationshintergrund lediglich zu einem geringen prozentualen Anteil aus. KAUSA ist deshalb bestrebt, den Selbständigen die Vorteile für ihr Unternehmen als Ausbildungsbetrieb darzustellen.[14] Bei türkischen Unternehmen gilt dabei der Imagegewinn sowohl innerhalb der eigenen Ethnie als auch bei Kunden, unter Geschäftspartnern und in der deutschen Öffentlichkeit als wichtiger Faktor (vgl. BMBF, 2006d).

Ethnische Unternehmen stellen in Deutschland mit mindestens einer Million Arbeitsplätzen einen bedeutenden Wirtschaftsfaktor dar (vgl. Bundesregierung, 2005, S. 53). Es gilt nun, in diesen Unternehmen ein noch unerschöpftes Ausbildungspotential von rund 11.000 Ausbildungsplätzen zu erschließen (vgl. Kanschat, 2005, S. 27). Da es nach Erkenntnissen von René Leicht in den von Migranten geleiteten Betrieben teilweise an einer Ausbildungskultur mangelt (vgl. 2005a, S. 26), wird hier besonderer Förderungs- und Aufklärungsbedarf gesehen. KAUSA Mitarbeiter versuchen, durch direkten Kontakt mit den Unternehmern mit Migrationshintergrund diese als Ausbildende zu gewinnen. Sie bieten ihnen gleichzeitig Unterstützungsleistung bei der Durchführung der Ausbildung durch institutionelle Informationen und Hilfestellung an.[15] Das Unterfangen ist Teil der Maßnahmen, die deutsche wie türkische Bildungsbeauftragte und Institutionen gemeinsam leisten.

Kritisch ist anzumerken, daß Selbständige mit türkischem Migrationshintergrund oft in Bereichen tätig sind, die vom Selbständigen selbst einen ausgesprochen intensiven zeitlichen und personellen Arbeitseinsatz fordern. Aus diesem Grund sehen sich auch viele der Selbständigen außerstande, als Ausbildende tätig werden zu können. Zu bedenken ist weiterhin, daß Migrantenbetriebe weit häufiger als deutsche Betriebe von Schließungen bedroht sind (siehe Kapitel 7.5). Da eine erfolgreiche Ausbildungsleistung jedoch eine weitgehende geschäftliche Kontinuität bei der Ausbildung erfordert, ist dieser Aspekt bei der Akquise von Selbständigen mit Migrationshintergrund als Ausbildende zu berücksichtigen.

9.2.2 Das Projekt APIM

Das aktuelle Ausbildungsprojekt „Ausbildungsplatzakquise in Migrantenunternehmen (APIM)" der Essener Stiftung Zentrum für Türkeistudien stellt eine Initiative unter besonderer Einbindung der Turkish Community dar. Das Projekt soll türkische Selbständige in der BRD zur Ausbildungsleistung motivieren. Durch direkte Akquise türkischer Selbständiger per Informationsmaterial und durch Informationsveranstaltungen sollen zusätzliche Ausbildungsplätze für Jugendliche mit und ohne Migrationshintergrund gewonnen werden.

Ziele des Projekts sind unter anderem die Schaffung weiterer Ausbildungsplätze sowie der Aufbau nachhaltiger Strukturen der Ausbildungsförderung innerhalb der Turkish Community durch die Einbindung von Migrantenselbstorganisationen und durch die ehrenamtliche Tätigkeit von Ausbil-

---

[13] 1999 gegründete „Koordinierungsstelle Ausbildung in ausländischen Unternehmen (KAUSA)" ist ein bundesweites Projekt des Deutschen Industrie- und Handelskammertages und wird vom Bundesbildungsministerium gefördert. KAUSA unterstützt Projekte und Initiativen, die Ausbildungsplätze in Unternehmen mit Inhaberinnen und Inhabern ausländischer Herkunft schaffen. KAUSA dient unter anderem als Informations- und Servicezentrale für Projekte und Initiativen, die Unternehmer mit Migrationshintergrund beim Einstieg zum Ausbildungsbetrieb unterstützen. KAUSA fokussiert speziell die Potentiale und Leistungen, die Zugewanderte in Deutschland bieten und wirbt für die Ausbildung in von Nicht-Deutschen geführten Unternehmen. Die Aktivitäten von KAUSA wurden ab 2006 in das BMBF-Programm JOBSTARTER integriert (vgl. BMBF, 2006a).

[14] Nach dem Vier-Faktoren-Modell (Fachkräftebedarf, Qualifikationsbedarf, wirtschaftliche Situation und Ausbildungsbereitschaft von Betrieben) lassen sich etwa 65% der betrieblichen Gründe zur Ausbildungsbeteiligung erklären (vgl. BMBF 2006b, S. 5).

[15] Die Unterstützungsleistung der beratenden Institutionen für Selbständige mit Migrationshintergrund ist aufwendig. So wird bei der Neuakquise eines Betriebes mit ausländischem Betriebsinhaber als Ausbildungsbetrieb dieser im Durchschnitt viermal so oft besucht wie deutschstämmige Betriebsinhaber (vgl. Kanschat, 2005, S. 29).

dungsplatzakquisiteuren (vgl. IHK, 2006, S. 54). Speziell die freiwilligen Akquisiteure haben eine „Türöffnerfunktion", da sie nicht nur selbst über einen Migrationshintergrund verfügen, sondern auch innerhalb der türkischen Gemeinde soziale Anerkennung genießen. Meist sind sie selbst Unternehmer und Ausbildende und gleichzeitig regional bekannte Mitglieder von Migrantenselbstorganisationen (ebd.). Es wird angestrebt, bis Ende 2007 (zunächst im Ruhrgebiet) ein Netzwerk aus Migrantenselbstorganisationen, Ausbildungsprojekten und deutschen Einrichtungen zu schaffen sowie Ausbildungsplätze zu akquirieren.[16] Bislang ist die Ausbildungsbereitschaft der Selbständigen mit türkischem Migrationshintergrund eher als gering einzuschätzen (vgl. Leicht, 2005a, S. 24).[17] Als Begründung gilt, daß türkische Unternehmer häufig nicht darüber informiert sind, *wie* sie ausbilden sollen. Gleichzeitig ist festzustellen, daß offenbar mit der Integrationsbereitschaft der Unternehmensinhaber auch deren Ausbildungsbereitschaft ansteigt (vgl. Leicht, 2005a, S.14).[18] Ein Großteil der Betriebsinhaber mit türkischem Migrationshintergrund trägt selbst die Hauptarbeitslast. Überdies werden nur wenige, oft unqualifizierte Mitarbeiter, darunter ein hoher Anteil mithelfende Familienangehörige, beschäftigt (siehe Kapitel 8). Diese Ausbildenden haben häufig selbst weder einen Schulabschluß noch eine Berufsausbildung erfolgreich absolviert (siehe Kapitel 7.5).

Der Ausbildung an regulären Ausbildungsplätzen in kleinen und mittleren Betrieben ist oftmals eine enge Grenze gesetzt. Deshalb wird zur Sicherstellung der Einheitlichkeit und Qualität der Ausbildung (schwerpunktmäßig im Handwerk, aber auch in der Industrie), neben der Ausbildung im Betrieb und der Berufsschule, die Ausbildung an einer überbetrieblichen Berufsbildungsstätte (ÜBS) als betriebsergänzende Ausbildungsmaßnahme angeboten. Bei der Industrie steht hier die berufliche Grundbildung im Vordergrund, wogegen im Handwerk die ÜBS als Ergänzung der Fachbildung betrieben wird. Sie hat die Aufgabe, die betriebliche Ausbildung zu vervollständigen (Ergänzungsfunktion) und dem jeweils neuesten Stand der Technik anzupassen (Anpassungsfunktion). Außerdem soll sie insbesondere zu einer Intensivierung und Systematisierung der Grundausbildung beitragen (vgl. Schanz, 2006, S. 53). Das Bundesministerium für Bildung und Forschung (BMBF) fördert überbetriebliche Berufsbildungsstätten, um KMUs die Berufsausbildung in einem anerkannten Ausbildungsberuf zu erleichtern beziehungsweise zu ermöglichen. Durch das Zusammenwirken von Betrieb und ÜBS kann auf überbetrieblicher Ebene gelöst werden, was einige KMUs in der betrieblichen Berufsausbildung alleine nicht zu leisten vermögen. ÜBS werden dabei hinsichtlich des Ausbaus, der Ausstattung, des Unterhalts und der Nutzung in beträchtlichem Umfang aus Bundes- und Landesmitteln finanziell gefördert. Durch ÜBS kann ein Ausgleich zu betrieblichen und regionalen Nachteilen geschaffen werden, was wiederum auch kleineren Betrieben ermöglicht, auf einem qualitativ einheitlichen und hohen Ausbildungsniveau auszubilden. Ausbildungsverbunde oder ÜBS stellen sicherlich eine praktische Hilfe bei der Umsetzung der Ausbildungspläne dar. Der organisatorische Aufwand durch zeitliche Absprachen, Berufsschulbesuche usw. ist jedoch eine nicht zu unterschätzende Schwierigkeit, die dem zukünftigen Ausbildenden und Auszubildenden vorab bewußt sein sollte.

Ein gravierender Faktor, der bei der Vergabe einer Zulassung zum Ausbildungsbetrieb beachtet werden sollte, ist die Betriebsgröße.[19] Die Perspektive, daß Auszubildende in direktem Kontakt

---

[16]Der Leitgedanke dazu ist, daß das besondere Potential türkischer Betriebe zur Schaffung neuer Ausbildungsplätze v.a. in deren gezielter Information liegt: „Wir bauen dabei besonders auf das Vertrauen zwischen Akquisiteur und Unternehmer, das einen umfassenden Zugang zu allen Informationen rund um das Thema der dualen Ausbildung schafft" (IHK, 2006, S. 54).

[17]2004 waren in Deutschland 10% der türkischen Unternehmen eingetragene Ausbildungsbetriebe, etwa 70% der türkischstämmigen Unternehmer könnten Ausbildungsplätze schaffen (vgl. Kücük, 2004, S. 1).

[18]Während auf einen von einem Deutschen geleiteten Ausbildungsbetrieb im Durchschnitt 2,4 Auszubildende entfallen, sind dies bei türkischen Betrieben im Durchschnitt 1,7 Auszubildende (vgl. Leicht, 2005a, S.14).

[19]Über die Hälfte der türkischen Unternehmungen in der BRD hat lediglich bis zu drei Mitarbeiter (51,7%), 40,1% haben 4 bis 9 Mitarbeiter, lediglich 8,2% haben zehn und mehr Mitarbeiter. 2005 arbeiteten im Durchschnitt fünf Beschäftigte im Betrieb eines türkischen Selbständigen (vgl. ZfT, 2006). Etwa die Hälfte aller Selbständigen mit türkischem Migrationshintergrund hat keine weiteren bezahlten Beschäftigten (vgl. Leicht, 2005a, S. 12).

mit dem Ausbildenden in dessen Personalunion als Chef, Ausbilder und Mitarbeiter die meiste Ausbildungszeit verbringen und somit auch seiner permanenten Kontrolle unterliegen, könnte zum Anlaß eines Ausbildungsabbruchs werden (siehe Kapitel 3.1.2). Zudem ist die Gefahr naheliegend, daß die Auszubildenden in weiterem Rahmen als üblich zu Routinearbeiten herangezogen werden. Eine zusätzliche Problematik stellt diesbezüglich die Netzwerkstruktur der Turkish Community dar. Jugendliche mit fehlendem oder mit minderqualifiziertem Abschluß oder mit rudimentären Deutschkenntnissen könnten bevorzugt auf einen Ausbildungsplatz bei einem Selbständigen der eigenen Ethnie zurückgreifen. Da sich besonders in der Turkish Community Kundschaft, Lieferanten usw. zu einem Großteil aus den innerethnischen Gruppe zusammensetzen, wären mangelnde Deutschkenntnisse innerhalb des Betriebs kein Ausbildungsrisiko. In der Berufsschule dagegen, spätestens bei der Kammerprüfung, schlagen sich die Defizite in der deutschen Sprache negativ nieder, denn die Prüfungen finden auf Deutsch statt. Die Kammerprüfung kann somit für diesen Personenkreis ein Hindernis darstellen, dem er kaum gewachsen ist. Die zunehmende Tendenz Jugendlicher mit türkischem Migrationshintergrund, weder eine Ausbildung im innerethnischen Bereich noch bei deutschen Betrieben anzufangen, könnte zumindest zum Teil durch diese Tatsache erklärt werden.

Türkische Selbständige leben nach eigenen Angaben insbesondere von ihren deutschen Kunden (siehe Kapitel 8), als Ausbildende sind sie dennoch deutlich unterrepräsentiert. Da sie ihre Arbeitskräfte weitgehend unter ihren Landsleuten inklusive der Verwandtschaft rekrutieren (vgl. Torlak u. a., 2005, S. 38), ist zu vermuten, daß sie auch ihre Auszubildenden aus dem innerethnischen Klientel aussuchen[20] und weniger auf Jugendliche anderer Ethnien zurückgreifen. Bei den ausbildenden Unternehmen in der BRD wird sich in den kommenden Jahren der demographische Rückgang an deutschen Jugendlichen und damit einhergehend an Schülern und jugendlichen Ausbildungsplatzbewerbern bemerkbar machen. Es ist aufgrund der technologischen Weiterentwicklung jedoch zu erwarten, daß die Wirtschaftsunternehmen ihr System der Bestenauslese nach dem meritokratischen Prinzip auch weiterhin bei den zur Verfügung stehenden Jugendlichen mit und ohne Migrationshintergrund beibehalten werden.

9.2.3 Aussetzung der Ausbildereignungsverordnung (AEVO)

Anläßlich einer Untersuchung zu AEVO-Lehrgangsteilnehmern ausländischer Herkunft des Bundesinstituts für Berufsbildung (BIBB) konnte ein Teil der Probleme verdeutlicht werden, mit denen sich dieser Personenkreis als Ausbilder konfrontiert sieht (vgl. Bethscheider u. a., 2002, S. 17). Dazu gehören in erster Linie Sprachschwierigkeiten in der Zweitsprache Deutsch (speziell das Verständnis von Fachbegriffen) sowie mangelnde eigene Erfahrung mit dem dualen Ausbildungssystem. Weitere Problempunkte waren die starke zeitliche Belastung und die Tatsache, daß systematisches Lernen oder die Auseinandersetzung mit theoretischen Fragen zuvor nicht oder nur vor sehr langer Zeit stattfand. Hinzu kam noch die Kostenfrage für den AEVO-Lehrgangsbesuch. Für viele Lehrgangsteilnehmer mit Migrationshintergrund zogen diese Schwierigkeiten oder deren Kumulation die Gefahr eines Lehrgangsabbruchs oder Prüfungsmißerfolgs nach sich (vgl. Bethscheider u. a., 2002, S. 17f.). Viele Selbständige mit Migrationshintergrund scheuen deshalb den Weg zum Erwerb der Ausbildungsberechtigung. Das Bundesministerium für Bildung und Forschung (BMBF) hat in der Annahme, daß von der Wirtschaft 20.000 zusätzliche Ausbildungsplätze zur Verfügung gestellt werden würden, die Ausbildereignungsverordnung für die Zeit vom 01.08.2003 bis 31.07.2008 außer Kraft gesetzt (vgl. BMBF, 2006b, S. 33). Diese Hoffnung wurde bisher nicht erfüllt. Auch Selbständige mit Migrationshintergrund haben nun die Möglichkeit, ohne AEVO-Zertifikat als Ausbilder gegenüber den

---

[20]Der Tagesspiegel Berlin vom 03.09.2003: „Vor zwei Jahren hat sie [die türkische Inhaberin eines Feinkostladens in Berlin/Anm. U.P.-F.] bei der Industrie- und Handelskammer ihren Ausbilderschein gemacht. Wenn sie sich einen Lehrling leisten könnte, wäre ihr ein Türke oder eine Türkin am liebsten. ‚Aber mit guten Deutschkenntnissen. Unser Publikum ist sehr gemischt. Ältere Türken fühlen sich in ihrer Muttersprache wohler.‘ Wenn sie die Zeugnisse türkischer Schüler sieht, bekommt sie oft Angst wegen der schlechten Zensuren" (Jacobs, 2003).

Kammern aufzutreten zu können, sofern sie auf anderem Weg die fachliche und persönliche Eignung nachweisen können.

Kritisch ist anzumerken, daß durch die Aussetzung der AEVO-Qualifizierung der Ausbilder sowie mit dem Wegfall der Meisterverordnung für viele Handwerksberufe inklusive der in der Meisterqualifikation beinhalteten berufspädagogische Qualifizierungen, ein Großteil der ausbildungspädagogischen Sicherungssysteme für Auszubildende in der betrieblichen Ausbildung eingeschränkt ist. Während die qualifikatorischen Anforderungen durch die Wirtschaft an die Auszubildenden höher werden (siehe Kapitel 6.2), wurden die formal-qualifikatorischen pädagogischen Anforderungen an Ausbildende respektive an Ausbilder gesenkt. Es bleibt abzuwarten, welche Auswirkungen z.b. in Form von Ausbildungsabbrüchen, nicht bestandenen Kammerprüfungen u.s.w. möglicherweise die Kombination aus Novellierung der Handwerksordnung und Aussetzung der AEVO mit sich bringen wird.

9.3 Coaching für Existenzgründer in der Nachgründungsphase

Die Selbständigkeit von Zuwanderern beinhaltet wichtige sozioökonomische Vorteile sowohl für die direkt am Prozess Beteiligten, als auch für das Aufnahmeland der Zuwanderer. Während der Selbständigkeit schaffen Selbständige mit Migrationshintergrund auch für Einheimische Beschäftigungsmöglichkeiten, sie schaffen eigene Arbeitsplätze wie auch Arbeitsplätze für Zuwanderer (vgl. BAMF, 2004, S. 207). Oft bieten sie Dienstleistungen an, die einheimische Unternehmer nicht offerieren. Die Selbständigkeit der Unternehmer mit Migrationshintergrund geht allerdings mit einer hohen Schließungsquote einher (siehe Kapitel 7.5). Um Existenzgründern auch während eventuell auftretender Probleme in der Nachgründungsphase bedarfsorientiert beizustehen, wird ihnen ein betriebliches Coaching für Selbständige angeboten. Das Coaching soll einer eventuellen Bedrohung der Selbständigkeit entgegenwirken.

Existenzgründern wird im Rahmen der Coachingprogramme unter anderem das KfW-Gründercoaching angeboten (vgl. DIHK, 2006b, S. 7). Selbständigen mit einem Erfolg versprechenden Geschäftskonzept wird durch das Gründercoaching in bisher 13 Bundesländern die Möglichkeit gegeben, sich in einer bis zu zehn Tage dauernden Coachingphase durch einen erfahrenen Berater („Seniorexperten") unterstützen zu lassen. Das Coaching erfolgt entweder durch begleitende Berater oder durch erfahrene Selbständige, wobei dieses Programm den Selbständigen bis zu 5 Jahre nach der Unternehmensgründung offensteht (vgl. DIHK, 2006b, S. 8). Unter IHK-Moderation werden zahlreiche Foren zur Bewältigung von Unternehmenskrisen angeboten. Zusammen mit Gläubigern und Beratern wird beispielsweise im Rahmen eines „Runden Tisches" ein Ausweg gesucht. Laut IHK Angaben finden durch diese Hilfestellung jährlich über 2.000 Unternehmen einen Weg aus einer prekären Geschäftslage (vgl. IHK, 2007).

Wie aufgezeigt wurde, setzt eine erfolgreiche und dauerhafte berufliche Selbständigkeit bei Existenzgründern eine Vielzahl an persönlichen Kompetenzen[21] und förderlichen Elementen wie beispielsweise Selbstlernstrategien voraus (Abbildung 9.2). Es werden in der BRD vielseitige Anstrengungen unternommen, Jugendliche mit türkischem Migrationshintergrund so früh wie möglich schulisch zu fördern und sie in die Berufstätigkeit als gesellschaftlich akzeptierter Form der Erwerbstätigkeit in Deutschland zu integrieren. Streben sie die berufliche Selbständigkeit an, so finden sich auch hierbei institutionelle Unterstützung und finanzielle Förderung. Coachingprogramme in der Nachgründungsphase runden die Fördermaßnahmen ab, welche Selbständige von der Planungsphase bis zur erfolgten Existenzgründung in Anspruch nehmen können.

---

[21]Kompetenz im Zusammenhang mit der Tatsache, daß Wissen und Können nicht nur in formalisierten Situationen erworben werden, sondern daß sich Menschen auch auf informellem Wege relevante Kenntnisse und Fertigkeiten aneignen können (vgl. Clement, 2003, S. 201).

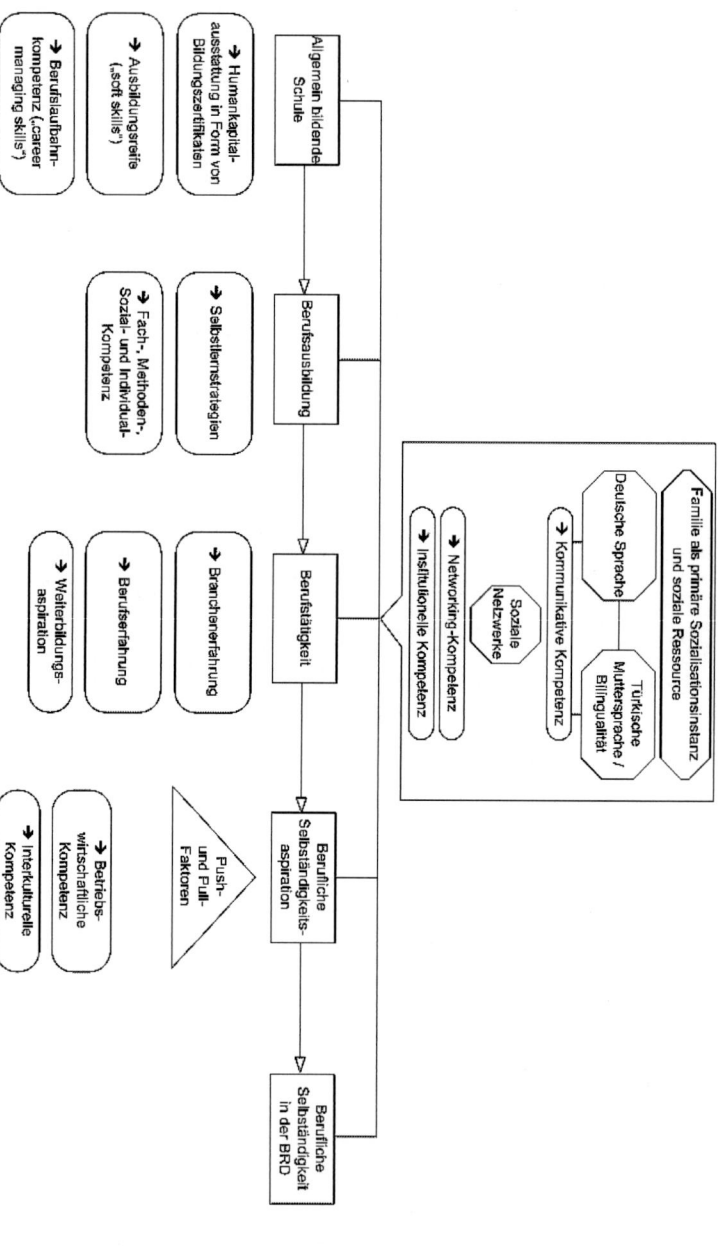

Abbildung 9.2: Jugendliche mit türkischem Migrationshintergrund auf dem Weg von der Schule in die berufliche Selbständigkeit in Deutschland. Auswahl förderlicher Faktoren und Kompetenzen. (Eigene Darstellung).

10 Handlungsempfehlungen

Im Folgenden werden ausgewählte Aspekte aufgezeigt, die sich im Zusammenhang mit der möglichen beruflichen Selbständigkeitsaspiration Jugendlicher mit türkischem Migrationshintergrund für die pädagogische Arbeit als relevant erweisen können:

Datensituation bezüglich der Personen mit Migrationshintergrund: In Deutschland liegt die Datensituation hinsichtlich der Personen mit Migrationshintergrund in einer beinahe unüberschaubaren Vielfalt sowie Unvergleichbarkeit vor. Unter der Prämisse, einer vermuteten Ungleichstellung der Personen mit Migrationshintergrund entgegenzuwirken oder vorzubeugen, fehlen auf vielen offiziellen Formularen Fragen zum Migrationshintergrund. Als Folge der fehlenden Angaben und damit fehlenden Informationen können Fördermaßnahmen für Migranten zum Großteil lediglich „im Blindflug" (BAMF, 2004, S. 414) erfolgen. Ein weitgehend undurchsichtiges, ineffektives, teures und für viele Betroffene unbefriedigender Maßnahmen-Wirrwarr sowie Maßnahmenkarrieren in die Perspektivenlosigkeit können die Folge sein. Die uneinheitlich geführten Statistiken können dem demographischen Wandel nicht gerecht werden. Da Angaben zum Migrationshintergrund auch im Zusammenhang mit der Berufsbildungsstatistik nicht erfasst werden, dürfte aufgrund der Einbürgerungen eine beträchtliche Anzahl Jugendlicher mit Migrationshintergrund als Deutsche gezählt werden. Jugendliche mit doppelter Staatsbürgerschaft werden ebenfalls als Deutsche gezählt, obwohl sie auch über eine nicht-deutsche Staatsangehörigkeit verfügen (vgl. BMBF, 2006b, S. 111)/ (vgl. Granato, 2005, S. 3). Daraus resultierend kann vermutet werden, daß deutlich mehr Jugendliche mit Migrationshintergrund einen Ausbildungsplatz fanden oder höhere allgemeine Bildungsabschlüsse erreichten, als die jeweils aktuelle Statistik belegt.

Laut dem Bundesinstitut für Bevölkerungsforschung BIB steht „eine befriedigende Bezeichnung und amtsstatistische Kategorisierung für Migranten und ihre noch nicht vollständig integrierten Nachkommen [...] derzeit noch aus" (BIB, 2004, S. 48). Auch Katharina Kanschat von KAUSA reklamiert: „Einen differenzierten und aktuellen Gesamtüberblick [über die Verteilung der nationalen Herkunft/ Anm. U.P.-F.] gibt es nicht, da Unternehmen unter dem Kriterium Nationalität nicht erfasst werden" (Kanschat, 2005, S. 28). Insgesamt stellt sich die statistische Datenlage zu Umfang, Struktur und Entwicklung von Selbständigen mit Migrationshintergrund mittels amtlicher Erhebungstechniken als unbefriedigend und unzureichend dar (vgl. Leicht, 2005a, S. 25).

Handlungsempfehlung: Hinsichtlich der aufgezeigten Datenlage ist es sinnvoll, in der Migrations- und Integrationsforschung eine einheitliche Benennung oder Grundlage zu schaffen. Nur so ist bei der Erfassung einer statistischen Erhebung gewährleistet, daß die daraus resultierenden Konklusionen fachlich und sachlich korrekt eindeutig zugeordnet und entsprechend sinnvoll umgesetzt werden können. Hier besteht akuter Handlungsbedarf, denn die empirische Datenbasis dient den Institutionen als Grundlage und Voraussetzung für die Bewilligung, Finanzierung und Durchführung sozialer Projekte mit Migranten. Sollen Unterstützungsleistungen konkrete Ansatzpunkte finden und die dafür bewilligten Fördermittel nutzerorientiert und nicht nach dem ineffektiven Gießkannenprinzip eingesetzt werden, so ist die Kenntnis über migrationsbedingte Lebensumstände auf der Basis aussagefähigen, einheitlichen Datenmaterials für eine sachgerechte Evaluation und entsprechende Arbeitsgrundlage eine unerläßliche Voraussetzung.

Selbständige mit türkischem Migrationshintergrund als Ausbilder und Ausbildende: Derzeit ist das türkische Unternehmensgründungspotential hoch mit einer gleichzeitig eher gering ausgeprägten

Ausbildungsbereitschaft. Hier stellt sich die Aufgabe, Selbständige und Existenzgründer mit türkischem Migrationshintergrund bei ihren Aufgaben als Ausbilder und Ausbildende unterstützend zu begleiten, damit ihre selbständigen Betriebe langfristig erfolgreiche Ausbildungsstätten werden und bleiben.

Handlungsempfehlung: Je qualitativ höherwertig eine berufliche Ausbildung ist, desto höher und umfassender sind die qualifikatorischen Anforderungen an die Ausbilder. Zu den steigenden Anforderungen in ausbildungstechnischer Hinsicht kommt zu den demographischen Veränderungen der kommenden Jahre bezüglich der Altersstruktur und der Schulabschlüsse der Ausbildungsplatzbewerber die zunehmende ethnische Heterogenisierung der Jugendlichen hinzu. Unter berufspädagogischen Gesichtspunkten ist die Aufnahme des speziellen Teilbereichs „interkulturelle Pädagogik" als Bestandteil der Ausbilderqualifizierung bzw. Prüfung in das AEVO-Curriculum dringend anzuraten. Die ausbildenden Betriebe sollten diese Zusatzqualifikation bei den Ausbildern einfordern, sofern diese nicht auf Basis einer anderen Sachlage bereits gegeben ist. Im Gegenzug können Ausbilder mit türkischem Migrationshintergrund, die bisher noch nicht oder noch keine deutschen Jugendlichen ausgebildet haben, zur Erhöhung ihrer interkulturellen Kompetenz ebenfalls für den Umgang mit deutschen Auszubildenden geschult werden. Mit zunehmendem Anteil ausländischer Selbständiger und einem ständig wachsenden Anteil Jugendlicher mit Migrationshintergrund in der deutschen Gesellschaft ist die Aufnahme kultureller Besonderheiten als Bildungspunkt besonders im pädagogischen Bereich zu empfehlen. Deutsche Ausbildende und Ausbildende mit Migrationshintergrund werden ebenso wie ihre Ausbilder enger zusammen arbeiten müßen, um keine „ethnischen Ausbildungsberufe" entstehen zu lassen. Berufsschulen, Vereine, Bildungseinrichtungen, Sprachzentren sowie Weiterbildungsunternehmen sind ebenfalls zur Zusammenarbeit aufgerufen.

Bildungsverhalten/ Lebenslanges Lernen: Die ständig wandelnden Anforderungen in der Arbeitswelt machen permanentes lebenslanges Lernen zum unverzichtbaren Element des Qualifizierungserhalts und der Qualifizierungserhöhung. Diese Tatsache muß Kindern und Jugendlichen mit und ohne Migrationshintergrund möglichst frühzeitig vermittelt werden, da die Verbesserung des Schulerfolges von Kindern und Jugendlichen mit Migrationshintergrund unter anderem auch die strukturelle Integration der kommenden Generationen erhöht (vgl. Sauer u. Goldberg, 2006, S. 5).

Handlungsempfehlung: Für Pädagogen, die aufgrund der demographischen Veränderung in der BRD in Zukunft verstärkt mit Jugendlichen und Erwachsenen mit Migrationshintergrund arbeiten werden, ist das Wissen um die Notwendigkeit der Motivation zur Weiterbildung bei Migranten wichtig. Es greift hier die Erfahrung, daß sich geringer Qualifizierte seltener weiterbilden als Personen mit höherem Bildungsniveau. Da Eltern als erste Sozialisationsinstanz durch ihr vorgelebtes Beispiel das künftige Lernverhalten ihrer Kinder beeinflussen, gilt es so motivieren, ihren Kindern die Notwendigkeit lebenslangen Lernens zu vermitteln.[1]

Sprache als Schlüssel zum Bildungserfolg und zur gesellschaftlichen Teilhabe: Deutlich wurde, daß in erster Linie über das Sprachvermögen des Aufnahmelandes Integration zu erreichen ist. Die deutsche Sprache kann jedoch nur erschwert vermittelt werden, wenn die Wohnbezirke der ausländischen Bevölkerung, die erfahrungsgemäß speziell in Großstädten deutlich ethnisch geprägt sind, gleichzeitig der Grundschulbezirk der dort wohnenden Kinder ist.[2] In der Regel ist ein hoher

---

[1] „Wir schlagen vor, die Gebühren für Kindergärten zu streichen, damit mehr Familien mit Migrationshintergrund ihre Kinder in die ,erste Bildungsinstanz' schicken. Zudem soll die frühe Aufteilung der Kinder in verschiedene Schulformen zugunsten eines längeren gemeinsamen Lernens bis zum Ende der Pflichtschulzeit endlich überwunden werden. So können Kinder und junge Menschen mit Migrationshintergrund besser und länger individuell gefördert werden" (GEW, 2006).

[2] „Wo es eine Sprengelpflicht für den Besuch von Bildungseinrichtungen gibt (wie bei den für Grundschulen bestehenden Schulbezirken), spiegelt sich in den Schulen die soziale Zusammensetzung ihres Umfeldes wider" (BMBF, 2006c, S. 163).

Migrantenanteil mit einem Übergewicht an Schülern und Schülerinnen aus Familien mit niedrigem Sozialstatus verbunden. Dadurch kumulieren diverse Problemlagen und verstärken sich wechselseitig (vgl. BMBF, 2006c, S. 161). Je stärker in einer Region die Quote der Hauptschüler sinkt, umso höher wird laut Dirk Baier/Christian Pfeiffer der Anteil von Schülern an Hauptschulen ausfallen, die „aus sozial randständigen Familien" kommen (Baier u. Pfeiffer, 2007, S. 17). Hier besteht die Gefahr, daß die deutsche Amtssprache innerhalb der Klassengemeinschaft und daraus abgeleitet auch in einem Großteil der Freizeitnetzwerke nur noch marginale Funktion hat. Die Schule als wichtige sprachliche Sozialisationsinstanz fällt dadurch weitgehend aus. Der schulische Kontext, speziell die ethnische und schichtspezifische Zusammensetzung der Schulklassen in der Grundschule, ist für die Bildungschancen der Schüler unter sozialen und pädagogischen Gesichtspunkten von Bedeutung.[3] Derzeit besucht etwa jeder vierte Jugendliche mit Migrationshintergrund, aber nur jeder zwanzigste Jugendliche ohne Migrationshintergrund eine Schule, in der Migranten die Mehrheit stellen (vgl. BMBF, 2006c, S. 162). Laut Trautwein/Baumert/Maaz läßt sich eine Sicherung der Arbeitsfähigkeit an Hauptschulen vermutlich erst dann erreichen, wenn sie von einer ausreichend breiten und heterogenen Schülerklientel besucht wird (vgl. Trautwein u. a., 2007, S. 6).

Handlungsempfehlung: In der öffentlichen Diskussion gilt das Ansinnen, Kinder aus Schulen mit hohem Migrantenanteil in andere Schulen zu verteilen, als Armutszeugnis einer mißlungenen Integrationspolitik. Aus den aufgezeigten Gründen könnte jedoch die generelle Abschaffung der Sprengelpflicht besonders für Grundschüler eine positive schulische Leistungsveränderung bedeuten. Hier sind die föderalistisch angelegten Kultusministerien der Länder gefragt, ebenso wie das Fingerspitzengefühl der Schulleitungen und Lehrer, um eine günstigere Verteilung der Schüler mit Migrationshintergrund auf die Klassen bzw. Schulen und auch Schulformen zu regeln, um so zu einer Entflechtung ghettoartiger Strukturen beizutragen.

Die Aufklärung der Eltern über die weitreichenden Konsequenzen fehlender oder mangelhafter deutschen Sprachkompetenz für die Zukunft ihrer Kinder im deutschen Bildungs- und Ausbildungssystem hat oberste Priorität. Die Bestrebungen zur Vermittlung der deutschen Sprache sollten auch unter diesem Aspekt von der Turkish Community, deren Institutionen sowie von den Migrantenselbstorganisationen unterstützt werden. Sprache ist unabhängig von der Nationalität ein Teil des eigenbestimmten Lebens und Basis einer individuellen Lebensbiographie. Das qualifizierte Erlernen der Muttersprache sollte nicht vernachlässigt werden, denn aus Bilingualität und Mehrsprachigkeit kann sich ein Kompetenzvorteil im Privaten und im Erwerbsleben entwickeln. Empfehlenswert ist neben dem regulären Deutschunterricht in den Schulen auch der Aufbau sprachlicher Förderklassen in den Grundschuljahren. Es ist zu erwarten, daß in Zusammenhang mit dem fortschreitenden weltweiten Handel auch zunehmend die Kenntnisse anderer Sprachen, Kulturen, Länder und Regionen an Bedeutung gewinnen werden (vgl. Torlak u. a., 2005, S. 44). Im fremdsprachlichen/fachsprachlichen Weiterbildungsbereich liegt ein weites Betätigungsfeld vor, da zu erwarten ist, daß beispielsweise Versicherungen, Bausparkassen, Banken und Immobilienunternehmen in Zukunft verstärkt auf mehrsprachige Mitarbeiter zurückgreifen werden. Ebenso zeichnet sich der wachsende Bedarf interkulturell vorgebildeter Pädagogen in Kindergärten, Vorschulen, Schulen, Berufsschulen und Ausbildungsbetrieben ab. Prioritäres Ziel sollte die möglichst durchgängige und systematische Sprachförderung vom Kindergarten über die Schule bis zur beruflichen Ausbildung sein.

Unkenntnis über das deutsche Berufsausbildungssystem: Da das Erwerbssystem in Deutschland auf die Beruflichkeit aufbaut (siehe Kapitel 2), ist eine Integration in das deutsche Gesellschafts- und Wirtschaftssystem (abgesehen von einem Studium) weitgehend nur über eine Berufsausbildung

---

[3]Das Lernklima ist in der Tat beeinträchtigt, denn laut PISA 2003 stellt ein besonders hoher Migrantenanteil ($> 75\%$) innerhalb der Schulklassen eine Belastung dar (vgl. BMBF, 2006c, S. 164). Eine hohe Migrantenkonzentration setzt in den Schulklassen das Leistungsniveau herab und reduziert damit die Wahrscheinlichkeit des Einzelnen, den Übergang auf eine weiterführende Schulen zu schaffen (vgl. Kristen, 2003).

zu erschließen. Hierbei ist nicht ausschlaggebend, ob die Präferenz Jugendlicher mit türkischem Migrationshintergrund bei einer Ausbildung im dualen System liegt, sondern in deren generellen Bereitschaft, eine berufliche Ausbildung zu absolvieren. Eine qualifizierte berufliche Ausbildung, sowohl im beruflichen Know-How als auch das Wissen um Abläufe in Industrie- und Handwerksinstitutionen, ist für Jugendliche mit türkischem Migrationshintergrund vorteilhaft. Dabei bleibt zunächst gleich, ob sie ihre Erwerbsbiographie als abhängig Beschäftigte oder als Selbständige planen. Die schulische und berufliche Ausbildungsbereitschaft der Jugendlichen liegt in erster Linie im Verantwortungsbreich ihrer Familien, da die Ausbildungsleistung weitgehend durch familiale Unterstützung und Motivation mitgetragen wird.

Handlungsempfehlung: Da türkische Jugendliche zum Großteil Hauptschulen besuchen, könnte speziell hier im Rahmen des Fachunterrichts ein frühzeitiger Informationsansatz bezüglich des Berufsbildungswesens in der BRD hilfreich sein. Deutsche Schüler würden gemeinsam mit Schülern mit Migrationshintergrund frühzeitig und kontinuierlich über das Berufssystem informiert werden, so daß ihnen das deutsche Schul- und Berufssystem, eventuell auch das europäische Schul-und Ausbildungssysteme und die damit verbundenen Möglichkeiten, vertraut wären. Dadurch könnte die Berufsfindung und das Suchverhalten bzw. die Strategien für Ausbildungsplatzbewerber nach dem Schulabschluß einfacher werden. Jugendliche mit türkischem Migrationshintergrund wären in einer deutlich besseren Situation als heute, da sie sich dann weniger als bisher auf den Rat ihrer Landsleute verlassen müßten. Da die Informationssuche zumeist erst sehr spät einsetzt, ist es von evidenter Bedeutung, wie vertraut die Jugendlichen mit dem deutschen Schul-, Ausbildungs- und Weiterbildungssystem sind.

Berufliche Nachqualifizierung/ Ausbildungsfördermaßnahmen: Für die beträchtliche Anzahl Jugendlicher mit Migrationshintergrund ohne Berufsausbildung sind Maßnahmen zur Nachqualifizierung von hoher Bedeutung, da diese zur Sicherung ihrer Beschäftigungsverhältnisse beitragen.[4]

Handlungsempfehlung: Angedacht wird hierbei eine Verbindung von Lernen und Arbeiten durch Angebote in Modulform mit zusätzlich begleitender berufsfachlicher und sprachlicher Unterstützung (vgl. BMBF, 2000). Förderlich ist auch die stärkere Einbeziung und gezielte Unterstützung der Eltern bei der Erziehungsarbeit, aber auch eine weiterentwickelte interkulturelle Pädagogenausbildung um ausbildungsbegleitende Hilfen anbieten zu können.

Förderlich wäre ein erweitertes Angebot an Ausbildungsplätzen in Unternehmen, deren Inhaber selbst Migrationshintergrund haben, wobei eine rein innerethnische Vernetzung nicht das Ziel darstellt. Das Phänomen der „Maßnahmenkarriere durch Maßnahmenkatalog" ist ebenfalls kritisch zu betrachten, denn die einzelnen Maßnahmen oder auch ihre Kumulation führen nicht zu einem qualifizierten beruflichen Abschluß (vgl. BMBF, 2006c, S. 82). Die bestehenden Förderprogramme sind inhaltlich oft nicht genau abgegrenzt, intransparent und in finanzieller Hinsicht höchst unterschiedlich strukturiert. Es sollte nicht mehr darum gehen, möglichst viele separate, zum Teil nur lokale und institutionell verschachtelte, teilweise aus finanziellen Erwägungen heraus nur kurzfristige Unterstützungsangebote zu schaffen, sondern die bereits seit Jahren vielschichtig angelegten und vorhandenen Möglichkeiten verschiedener Einrichtungen bundesweit zu koordinieren, zu organisieren und auszubauen, um sie so zu konsolidieren. Auch hinsichtlich wirtschaftlicher Überlegungen sollte es als zielführende Maßnahme möglich sein, Ausbildungsförderungsmaßnahmen bundesweit zu vereinheitlichen, personell qualifiziert auszustatten und die Masse der Maßnahmen gegebenenfalls durch „Gesundschrumpfung" effektiver und kostengünstiger werden zu lassen. Die Vielzahl der öffentlich geförderten Programme darf keine „administrativen Selbstblockaden" (IHK, 2006, S. 6)

---

[4]In der Berufsausbildung benachteiligter Jugendlicher gilt, daß „Auszubildende mit schulischen Defiziten und/oder sozialen Problemen für die Aufnahme, Fortsetzung und den erfolgreichen Abschluss einer Berufsausbildung sowie zur Begründung oder Festigung eines Beschäftigungsverhältnisses (im Anschluss an eine geförderte außerbetriebliche Ausbildung) besondere Unterstützung (Förderung nach Maßnahmen des SGB III §§235 und 240 bis 247) bedürfen" (BMBF, 2005b, S. 182).

auslösen. Zudem ist es vor dem Hintergrund der demographischen Veränderungen bedeutsam, daß Menschen länger im Erwerbsleben verbleiben können und daß „kostspielige Ineffizienzen" beim Übergang von der Schule in die Berufsausbildung und in den Arbeitsmarkt vermieden werden (vgl. Anger u. a., 2007, S. 41).

Die im Übergangssystem erzielten Qualifikationen haben auf dem Ausbildungsstellenmarkt einen realtiv geringen realen Gegenwert. Die Etikettierung des Übergangssystems als eine vom Berufsausbildungssystem vor sich hergeschobene „Bugwelle unbefriedigter Nachfragen" (BMBF, 2006c, S. 82) scheint deshalb einen wahren Kern zu enthalten.

Es stellt sich ebenfalls die Frage, ob Unterstützungsmaßnahmen für Jugendliche mit und ohne Migrationshintergrund als Hilfestellung zur Selbsthilfe zu werten sind oder ob die Förderung über den Weg langwieriger Maßnahmen und Warteschleifen zu einer dauerhaften Abhängigkeit von staatlichen Unterstützungsleistungen führt. Problematisch ist auch die Aussicht, daß sich der Ausweitungstrend des Übergangssystems bei einem weiteren Rückgang betrieblicher Ausbildungsplätze noch verstärken kann. Mit einem sinnvollen Abgleich der Inhalte der unterschiedlichen Maßnahmen wäre eventuell eine Verkürzung der Gesamtmaßnahmendauer zu erreichen, da Überschneidungen oder Doppelungen entfallen würden. Überdies gilt es, kritisch zu überprüfen, welche der Maßnahmeninhalte tatsächlich für eine geplante Berufsausbildung anrechenbar sind. Hier sind die planenden Bildungsinstitute in Zusammenarbeit mit Berufspädagogen und den Schulen des Übergangssystems gefragt.

Im Zusammenhang mit der berufspädagogischen Arbeit mit Jugendlichen und Erwachsenen mit türkischem Migrationshintergrund ergibt sich eine *weitere themenbezogene Forschungsfrage*: Nachdem die berufliche Integration im deutschen Gesellschaftssystem eine der tragenden Voraussetzungen für die soziale und wirtschaftliche Integration der türkischen Migranten darstellt, ergibt sich die Überlegung, ob sich der in Deutschland traditionell hohe Stellenwert des Berufs und der Berufsausbildung als *Wert an sich* im Laufe der Zeit bei Jugendlichen und Erwachsenen mit türkischem Migrationshintergrund internalisierte, oder ob die teilweise erfolgte Eingliederung in das deutsche Berufssystem lediglich als Anpassungsstrategie zum Gelderwerb zu deuten ist. Ausgangsthese könnte dabei die Aussage von Giarini u. Liedtke sein: „Das Wesen der heutigen kapitalistisch orientierten Gesellschaft gründet zum großen Teil auf dieser protestantischen Lehre von der Arbeit als Quelle aller Werte und überträgt sich zunehmend auch in Teile der Welt, die einer völlig anderen religiösen Prägung unterliegen" (1998, S. 33). Diese im Zusammenhang mit Sozialisation und Identitätsbildung im und durch den Beruf stehende Frage ist besonders hinsichtlich der beruflich qualifizierten Selbständigen mit türkischem Migrationshintergrund in der BRD von Forschungsinteresse.

11 Kritisches Resümee

Unter den Jugendlichen mit türkischem Migrationshintergrund kristallisieren sich zwei gegensätzliche Qualifizierungsströmungen heraus: Die Gruppe der hochqualifizierten und gut ausgebildeten Jugendlichen in zukunftsträchtigen Branchen mit entsprechend guten Berufsaussichten und Erwerbschancen. Dieser Personenkreis verfügt über eine ausgeprägte gesellschaftliche Teilhabe. Voraussetzung dafür sind ihre sehr guten deutschen Sprachkenntnisse und ein gut ausgebautes soziales Netzwerk. Sie haben durch Networking einen Weg gefunden, der „Erosion verbindlicher Sozialstrukturen" (Clement, 2003, S. 197) und brüchigen Beziehungen als Teil der Lebensinstabilität entgegen zu wirken und sich selbst zu verwirklichen. Der Gang in die berufliche Selbständigkeit stellt für diese Gruppe hinsichtlich der Pull-Faktoren Verdienst, Prestige und Selbstverwirklichung eine erstrebenswerte Erwerbsoption dar.

Die zweite Gruppe, die der niedrigqualifizierten Jugendlichen mit türkischem Migrationshintergrund, separiert sich weitgehend von der deutschen Gleichaltrigengruppe, beherrscht die deutsche Sprache in deutlich geringerem Umfang und hat niedrige oder keine schulische Bildungszertifikate vorzuweisen. Diese Jugendlichen befinden sich jahrelang in institutionellen Fördermaßnahmen, um dann zu den Verlierern der Leistungsgesellschaft zu gehören. Ihnen steht oftmals lediglich der Markt für un- und angelernte Arbeitskräfte zur Verfügung, was Auswirkungen wie hohes Arbeitslosigkeitsrisiko, niedriger Verdienst und schwaches Sozialprestige nach sich zieht. Diese Gruppe hat außerhalb einer Ausbildung im dualen System weniger Sekundärchancen als Jugendliche anderer Ethnien. Auch für sie stellt berufliche Selbständigkeit eine erstrebenswerte Erwerbsoption dar, vor allem aufgrund ihrer verhältnismäßig geringen Chancen auf dem Ausbildungsstellenmarkt beziehungsweise in abhängiger Beschäftigung auf dem Arbeitsmarkt. Ein starker Push-Faktor stellt für sie befürchtete, bevorstehende oder erlebte Arbeitslosigkeit dar. Da die Remigration in die Türkei als Alternative zum Erwerbsleben in der BRD für niedrig Qualifizierte Jugendliche mit türkischem Migrationshintergrund der zweiten und dritten Generation immer weniger realistisch ist (siehe Kapitel 7.1), wird deren dauerhafter Verbleib in der BRD wahrscheinlich.

Da Selbständige mit türkischem Migrationshintergrund im Durchschnitt jünger sind als deutsche Selbständige, scheinen sie ihren Wunsch nach Selbständigkeit so früh wie möglich zu realisieren. Die Existenzgründung erfolgt jedoch nur im Ausnahmefall direkt im Anschluß an Schule, Ausbildung oder Studium. Wie sich herausstellte, gingen lediglich 7% der türkischen Selbständigen direkt nach dem Schulabschluß, der Ausbildung oder dem Studium, also ohne Berufserfahrung und teilweise sogar ohne Branchenkenntnis, in die berufliche Selbständigkeit. Der größte Teil wagte diesen Schritt zu einem späteren Zeitpunkt aus einer abhängigen Beschäftigung heraus. Der hohe Anteil an Branchenneulingen unter den türkischen Selbständigen zeugt einerseits von hoher Risikobereitschaft, führt jedoch in Kombination mit einem hohen Maß an Beratungsresistenz und fehlender Branchen- und Berufserfahrung zur beobachteten hohen Schließungsquote.

Im Zuge der Individualisierung wird von Jugendlichen erwartet, daß sie ihr Leben eigenverantwortlich gestalten. Hierzu zählt auch die Berufslaufbahnkompetenz. Da eine „Normalbiographie" weitgehend nicht mehr existiert, orientieren sich Jugendliche stark an ihrer peer-group. Hier hat sich speziell die Zusammensetzung der sozialen Netzwerke vieler Jugendlicher mit türkischem Migrationshintergrund als ungünstig für die Berufslaufbahn gezeigt. Sie bevorzugen ihre Landsleute stärker als Jugendliche anderer Ethnien hinsichtlich der Freunde, der Wohngegend, der Sprache, der Wahl eines Berufes, einer Arbeit oder als Berater. Sie werden in der Gesellschaft häufig als defizitär[1]

---

[1] Zu wenig Bildung, Ausbildung, soziales Kapital in Form deutscher Sprachkompetenz, soziale Netzwerke.

wahrgenommen. Diese problemgerichtete Sichtweise zeigt eine Auswahl der Situationshintergründe auf. Für Pädagogen stellt dieses Wissen eine Arbeitsgrundlage dar, wobei der Umgang damit weniger problemorientiert sondern eher lösungsorientiert sein sollte.

Als Ergebnis ist festzuhalten, daß im Hinblick auf den hohen Stellenwert, den berufliche Selbständigkeit in der deutschen Gesellschaft, aber insbesondere in der Turkish Community in der BRD und im Herkunftsland der türkischen Familien hat, der Weg in die berufliche Selbständigkeit für viele Jugendliche mit türkischem Migrationshintergrund eine erstrebenswerte Option für die Erwerbstätigkeit darstellt. Überdies kann Selbständigkeit eine Möglichkeit sein, dem sozialen Abseits zu entgehen. Es macht für Jugendliche mit türkischem Migrationshintergrund durchaus Sinn, berufliche Selbständigkeit als Karriereoption in ihre Lebensplanung mit einzubeziehen, denn sie haben dadurch Aussicht auf eine individuelle und soziale Besserstellung im Vergleich zu abhängig Beschäftigten der eigenen und anderer Ethnien.

Zur Realisierung des Zieles „berufliche Selbständigkeit" bedarf es einer Vielzahl von Kompetenzen und förderlichen Faktoren, die den Weg von der allgemein bildenden Schule bis hin zur beruflichen Selbständigkeit beeinflussen (Abbildung 9.2). Für Jugendliche mit türkischem Migrationshintergrund entsteht die bestmögliche Option auf die Umsetzung ihres Wunsches nach beruflicher Selbständigkeit, wenn sie als Selbständigkeitsaspiranten eine qualifizierte Allgemeinbildung vorweisen können, eine anerkannte berufliche Ausbildung und/oder ein Studium absolvieren, sich Berufserfahrung, Branchenerfahrung und institutionelles Wissen aneignen, konsequentes Networking betreiben, ausführliche Informationen beschaffen sowie frühzeitig sachkundige Beratung in der Planungs- und Gründungsphase und fachkundige Unterstützung bei ihrem Wunsch zur Existenzgründung in Anspruch nehmen. Sie schaffen damit eine solide Basis für einen erfolgreichen, dauerhaften Geschäftsverlauf. Aus der pekuniären und emotionalen Notlage der Arbeitslosigkeit heraus den Schritt in die Selbständigkeit zu wagen, gilt als höchst riskant und ist oft aufgrund mangelnder kaufmännischer und beruflicher Qualifikationen der Aspiranten zum Scheitern verurteilt.

Erfolgreiche Selbständigkeit stellt eine Win-Win-Situation dar: Selbständige mit türkischem Migrationshintergrund gewinnen durch ihre unabhängige, selbstbestimmte und prestigeträchtige Tätigkeit und durch die bessere pekuniäre Lage, als sie Migranten derselben Ethnie in abhängigem Beschäftigungsverhältnis oder gar in Arbeitslosigkeit vorweisen können. Der Vorteil der deutschen Gesamtgesellschaft liegt unter anderem darin, daß florierende Wirtschaftsunternehmen mit ausländischen Unternehmern auch als Arbeitgeber und Ausbildungsplatzanbieter auftreten. Auf lange Sicht gesehen ist durch die Selbständigkeit die Integration in das deutsche Gesellschafts- und Wirtschaftssystem anzunehmen, denn die erfolgreiche Arbeitsmarktintegration ist ein wichtiges Segment der sozialen Integration. Es wäre unrealistisch, davon auszugehen, daß der Gang in die berufliche Selbständigkeit *die* Erwerbsoption schlechthin darstellen würde. Das Risiko des Scheiterns ist hoch.

Die ersten türkischen "Gastarbeiter" und ihre Nachfahren stellen heute mit Abstand das größte Ausländerkontingent in Deutschland. Mit der Anwesenheit und zunehmenden Integration der ehemaligen türkischen Arbeitsmigranten und ihrer Angehörigen findet in Deutschland eine ethnische und kulturelle Pluralisierung statt. Damit gehen strukturelle Veränderungen in Wirtschaft, Recht, Erziehung, Gesundheit, sozialer Arbeit, Religion und Politik einher („spill-over-Effekt") (vgl. BAMF, 2004, S. 95). Der US-Soziologe Robert E. Park stellte in den 1920ern die These auf, daß „die Fortschritte in der Gesellschaft und die Prozesse der Zivilisation nur durch kontinuierliche Migrationbewegungen von Menschen und die dadurch eintretende Vermischung von Völkern und Kulturen möglich geworden sind" (zit. n. Han, 2000, S. 18). Diversität kann eine Stärkung an Produktivität, Innovation und Wachstum bedeuten.

Die Mehrheit der Jugendlichen mit türkischem Migrationshintergrund gilt als fest in Deutschland verankert und hat ihren Platz in der deutschen Gesellschaft als Teil der „pluralisierenden Lebenswelten von Jugendlichen" gefunden (Granato, 2001). Der Übergang vom „Mythos der Rückkehr" zum „Zuwanderer auf Dauer" ist geschaffen, und das seit Jahren anhaltende, verstärkte Streben der Mitbürger mit türkischem Migrationshintergrund in die berufliche Selbständigkeit kann ein Zeichen dafür sein. Für Personen mit einem ausreichenden Maß an realistischer Selbsteinschätzung, einer guten Geschäftsidee sowie mit qualifizierten schulischen, beruflichen und betriebswirtschaftlichen Grundlagen kann die Selbständigkeit durchaus die gewünschte Selbstverwirklichung wie auch den erwünschten Erfolg bringen, denn: „Wenn das Leben keine Vision hat, nach der man strebt, nach der man sich sehnt, die man verwirklichen möchte, dann gibt es auch kein Motiv, sich anzustrengen, sich anzuspannen, einer Vision nachzuleben" (Fromm, oJ, S. 1).

Literaturverzeichnis

[Abel 1963] ABEL, Heinrich: *Das Berufsproblem im gewerblichen Ausbildungs- und Schulwesen Deutschlands (BRD)*. Braunschweig : Georg Westermann Verlag, 1963. – Habilitationsschrift

[aid 2002] AID: Arbeitsplatz Deutschland. Stärkung des deutsch-türkischen Mittelstandes. In: *aid Ausländer in Deutschland* 3 (2002), September. http://www.isoplan.de/aid/index.htm?http://www.isoplan.de/aid/2002-3/arbpl_d.htm. – Aktueller Informationsdienst zu Fragen der Migration und Integrationsarbeit. Letzter Abruf: 28.07.2007

[aid 2005a] AID: Integration durch Qualifizierung. In: *aid Ausländer in Deutschland* 3 (2005), September. http://www.isoplan.de/aid/index.htm?http://www.isoplan.de/aid/2005-3/integration.htm. – Aktueller Informationsdienst zu Fragen der Migration und Integrationsarbeit. Letzter Abruf: 24.07.2007

[aid 2005b] AID: Statistik. In: *aid Ausländer in Deutschland* 21. Jg. (2005), Dezember, Nr. 4. http://www.isoplan.de/aid/2005-4/statistik.htm. – Aktueller Informationsdienst zu Fragen der Migration und Integrationsarbeit. Letzter Abruf: 28.07.2007

[Anger u. a. 2007] ANGER, Christina ; PLÜNNECKE, Axel ; SEYDA, Susanne: *Bildungsarmut - Auswirkungen, Ursachen, Maßnahmen*. Bonn : Aus Politik und Zeitgeschichte. Beilage zur Wochenzeitung Das Parlament, Juli 2007. – Heft Nr. 28/2007 vom 9. Juli 2007. Bundeszentrale für politische Bildung bpb

[Ausbildungsreife 2006] AUSBILDUNGSREIFE, Expertenkreis: *Kriterienkatalog zur Ausbildungsreife. Ein Konzept für die Praxis*. Nürnberg/Berlin : Bundesagentur für Arbeit, April 2006. – Nationaler Pakt für Ausbildung und Fachkräftenachwuchs in Deutschland

[Bachmair 2007] BACHMAIR, Ben: *Migrantenkinder, ihr Leserisiko und ihre Medienumgebung*. Bonn : Aus Politik und Zeitgeschichte. Beilage zur Wochenzeitung Das Parlament, Juli 2007. – Heft Nr. 28/2007 vom 9. Juli 2007. Bundeszentrale für politische Bildung bpb

[Bade 2007] BADE, Klaus J.: *Integration: versäumte Chancen und nachholende Politik*. Bonn : Aus Politik und Zeitgeschichte. Beilage zur Wochenzeitung Das Parlament, Mai 2007. – Heft 22-23/2007. Hrsg. Bundeszentrale für politische Bildung bpb

[Baethge 2006] BAETHGE, Henning: Das Duale Dauerproblem. In: *Capital. Das Wirtschaftsmagazin* (2006), August, Nr. 17, S. 15–18

[Baethge u. a. 1989] BAETHGE, Martin ; HANTSCHE, Brigitte ; PELULL, Wolfgang ; VOSKAMP, Ulrich: *Jugend: Arbeit und Identität. Lebensperspektiven und Interesenorientierung von Jugendlichen*. Verlag Leske + Budrich, Opladen, 1989

[Baier u. Pfeiffer 2007] BAIER, Dirk ; PFEIFFER, Christian: *Hauptschulen und Gewalt*. Bonn : Aus Politik und Zeitgeschichte. Beilage zur Wochenzeitung Das Parlament, Juli 2007. – Bundeszentrale für politische Bildung bpb. Heft 28/2007 vom 09.07.2007

[BAMF 2004] BAMF: Migration und Integration - Erfahrungen nutzen, neues wagen / Bundesamt für Migration und Flüchtlinge. Nürnberg, Oktober 2004. – Forschungsbericht. – Jahresgutachten 2004 des Sachverständigenrates für Zuwanderung und Integration

[Büchel u. Wagner 1996] BÜCHEL, Felix ; WAGNER, Gert: Soziale Differenzen der Bildungschancen in Westdeutschland - Unter besonderer Berücksichtigung von Zuwandererkindern. In: ZAPF, Wolfgang (Hrsg.): *Lebenslagen im Wandel: Sozialberichterstattung im Längsschnitt* Bd. 7. Sozioökonomische Daten und Analysen für die Bundesrepublik Deutschland. Frankfurt/Main, New York : Campus Verlag, 1996, S. 80–96

[Beck 2003] BECK, Ulrich: *Risikogesellschaft.* Sonderausgabe zum 40jährigen Bestehen der edition Suhrkamp 2003. Suhrkamp Verlag, Frankfurt am Main, 2003

[Beer-Kern 2005] BEER-KERN, Dagmar: Ausbildungssituation von Jugendlichen mit Migrationshintergrund. In: *Berufsausbildung-eine Zukunftschance für Zugewanderte.* Berlin und Bonn, Mai 2005, S. 17–26. – Fachtagung am 15. Juni 2004 in Berlin

[Beger 2000] BEGER, Kai-Uwe: *Migration und Integration. Eine Einführung in das Wanderungsgeschehen und die Integration der Zugewanderten in Deutschland.* Opladen : Leske+Budrich, 2000

[Bernart u. Billes-Gerhart 2004] BERNART, Yvonne ; BILLES-GERHART, Elke: *Sprachverhalten und Mediennutzung von Migrantenjugendlichen im soziologischen Blick.* 1. Auflage. Göttingen : Cuvillier Verlag, 2004. – Bernhard Schäfers zum 65. Geburtstag

[Bernart u. Krapp 2005] BERNART, Yvonne ; KRAPP, Stefanie: *Das narrative Interview. Ein Leitfaden zur rekonstruktiven Auswertung.* 3. überarbeitete Auflage. Landau : Verlag Empirische Pädagogik, 2005

[Bethscheider u. a. 2002] BETHSCHEIDER, Monika ; GRANATO, Mona ; KATH, Folkmar ; SETTELMEYER, Anke: Qualifizierungspotenziale von Migrantinnen und Migranten erkennen und nutzen! In: *BWP Zeitschrift für Berufsbildung in Wissenschaft und Praxis* Heft 2 (2002), Februar, S. 15–20

[BFF 2000] BFF: *Länderinformationsblatt Türkei. BFF Analysen.* Version: Februar 2000. `http://www.unhcr.org/home/RSDCOI/3ae6a66e8.pdf`, Abruf: 16.06.2007. Bundesamt für Flüchtlinge. – Eidgenössisches Justiz- und Polizeidepartment, RegioDesk Islamische Staaten I

[Böhnisch u. Münchmeier 1993] BÖHNISCH, Lothar ; MÜNCHMEIER, Richard: *Pädagogik des Jugendraums. Zur Begründung und Praxis einer sozialräumlichen Jugendpädagogik.* 2. Auflage. Weinheim; München : Juventa Verlag, 1993

[BIB 2004] BIB: *Bevölkerung. Fakten-Trends-Ursachen-Erwartungen. Die wichtigsten Fragen.* Wiesbaden : Bundesinstitut für Bevölkerungsforschung, 2004. – 2. überarbeitete Auflage, Sonderheft der Schriftenreihe des BiB

[BIBB 2005] BIBB: *Zustimmungsquoten der Experten zu grundsätzlichen Thesen zum Thema „Ausbildungsreife".* Version: 2005. `http://www.bibb.de/dokumente/pdf/a21_leitartikel_ausbildungsreife_ergebnistabelle.pdf`, Abruf: 26.07.2007. Bundesinstitut für Berufsbildung. – BIBB Expertenmonitor

[BIBB 2006] BIBB: Schaubilder zur Berufsbildung. Strukturen und Entwicklungen / Bundesinstitut für Berufsbildung. Version: Februar 2006. `http://www.bibb.de/dokumente/pdf/a22_ausweitstat_schaubilder_heft-2006.pdf`. Bonn, Februar 2006. – Forschungsbericht. – Letzter Abruf: 29.07.2007

[BLK 2002] BLK: *Bericht Zukunft von Bildung und Arbeit. Perspektiven von Arbeitskräftebedarf und -angebot bis 2015. Heft 104, Fassung vom 29.10.2001*. Version: Juni 2002. http://www.blk-info. de/fileadmin/BLK-Materialien/heft104.pdf, Abruf: 22.07.2007. Bund-Länder-Kommission für Bildungsplanung und Forschungsförderung

[Blättner 1954] BLÄTTNER, Fritz: Über die Berufserziehung des Industriearbeiters. In: *Archiv für Berufsbildung. Zeitschrift für Beruf und Schule* Heft 3, 6. Jg. (1954), März, S. 33–42

[BMAS 2006] BMAS: *Mehr Chancen für Jugendliche mit Migrationshintergrund*. Version: Oktober 2006. http://www.bmas.bund.de/BMAS/Navigation/root,did=163160.html, Abruf: 25.07.2007. Bundesministerium für Arbeit und Soziales

[BMBF 2000] BMBF: *Integration durch Bildung und Ausbildung*. Version: Juni 2000. http: //deutschland.dasvonmorgen.de/press/144.php, Abruf: 25.07.2007. Bundesministerium für Bildung und Forschung. – Pressemitteilung 102/2000

[BMBF 2001a] BMBF: *Bildungspolitische Zielsetzungen des Europäischen Rates von Lissabon*. Version: 2001. http://www.bmbf.de/de/9041.php, Abruf: 29.07.2007. Bundesministerium für Bildung und Forschung. – Berufliche Bildung im Kontext der Entwicklung in der Europäischen Union

[BMBF 2001b] BMBF: *Für eigenständige Lebensführung und sicheren Arbeitsplatz: die Rahmenbedingungen für Berufswahl und Berufsausbildung*. Bonn : Bundesministerium für Bildung und Forschung, Dezember 2001. – BMBF Referat Öffentlichkeitsarbeit (Flyer)

[BMBF 2005a] BMBF: *Anerkannte Ausbildungsberufe*. Version: 2005. http://www.bmbf.de/de/ 550.php, Abruf: 31.07.2007. Bundesministerium für Bildung und Forschung

[BMBF 2005b] BMBF: Berufsbildungsbericht 2005 / Bundesministerium für Bildung und Forschung. Bonn, Berlin, 2005. – Forschungsbericht

[BMBF 2005c] BMBF: *Berufsbildungsgesetz BBiG*. Version: März 2005. http://www.bmbf.de/ pub/bbig_20050323.pdf, Abruf: 31.07.2007. Bundesministerium für Bildung und Forschung. – BBiG gültig ab 01.04.2005

[BMBF 2006a] BMBF: *Aktivitäten im Bereich Benachteiligtenförderung und Förderung von Migranten*. Version: Mai 2006. http://www.bmbf.de/pub/migration_aktivitaeten.pdf, Abruf: 22.07.2007. Bundesministerium für Bildung und Forschung. – Kultusministerkonferenz der Länder

[BMBF 2006b] BMBF: Berufsbildungsbericht 2006 / Bundesministerium für Bildung und Forschung. Bonn, Berlin, 2006. – Forschungsbericht

[BMBF 2006c] BMBF: *Bildung in Deutschland. Ein indikatorengestützter Bericht mit einer Analyse zur Bildung und Migration*. Bielefeld : W. Bertelsmann Verlag GmbH und Co.KG, 2006. – Konsortium Bildungsberichterstattung. Im Auftrag der Ständigen Konferenz der Kultusminister der Länder in der Bundesrepublik Deutschland und des Bundesministeriums für Bildung und Forschung

[BMBF 2006d] BMBF: *Türkische Unternehmer in Deutschland bilden aus*. Bonn, Berlin, 2006. – Flyer des Bundesministeriums für Bildung und Forschung in türkisch und deutsch zur Information türkischer Unternehmer zum Thema Duale Ausbildung

[BMBF 2007a] BMBF: *Ausbildungsoffensive*. Version: 2007. http://www.bmbf.de/de/ ausbildungsoffensive.php, Abruf: 31.07.2007. Bundesministerium für Bildung und Forschung

[BMBF 2007b] BMBF: Berufsbildungsbericht 2007 / Bundesministerium für Bildung und Forschung. Version: 2007. http://www.bmbf.de/pub/bbb_07.pdf. Bonn, Berlin, 2007. – Forschungsbericht. – Letzter Abruf: 30.07.2007

[BMWi 2005] BMWi: Gründungen durch Migranten. In: *GründerZeit. Informationen zur Existenzgründung und -sicherung* (2005), November, Nr. 10. – Bundesministerium für Wirtschaft und Technologie, Berlin

[BMWi 2006] BMWi: Existenzgründung im Handwerk. Selbständig machen mit und ohne Meisterbrief. In: *GründerZeit. Informationen zur Existenzgründung und -sicherung* (2006), März, Nr. 48. – Bundesministerium für Wirtschaft und Technologie, Berlin

[Bommes 2007] BOMMES, Michael: *Integration-gesellschaftliches Risiko und politisches Symbol.* Bonn : Aus Politik und Zeitgeschichte. Beilage zur Wochenzeitung Das Parlament, Mai 2007. – Heft 22-23/2007.Hrsg. Bundeszentrale für politische Bildung bpb

[Boos-Nünning 1996] BOOS-NÜNNING, Ursula: Zur Beschäftigung von Jugendlichen ausländischer Herkunft. Chancen und Möglichkeiten der Weiterentwicklung. In: KERSTEN, Ralph (Hrsg.): *Ausbilden statt Ausgrenzen: Jugendliche ausländischer Herkunft in Schule, Ausbildung und Beruf.* Frankfurt/Main : Haag+Herchen, 1996, S. 71–94. – Arnoldshainer Texte

[Boos-Nünning 2006] BOOS-NÜNNING, Ursula: Jugendliche mit Migrationshintergrund. Der immer noch schwierige Übergang in eine berufliche Ausbildung. In: *Berufsbildung. Zeitschrift für Praxis und Theorie in Betrieb und Schule* 60. Jg., Heft 97/98 (2006), März, S. 3–7

[bpb 2000] BPB ; BILDUNG, Bundeszentrale für p. (Hrsg.): *Grundgesetz für die Bundesrepublik Deutschland.* Bonn : bpb, 2000

[Braun u. a. 2001] BRAUN, Frank u. a. ; BRAUN, Frank (Hrsg.) ; LEX, Tilly (Hrsg.) ; RADEMACKER, Hermann (Hrsg.): *Jugend in Arbeit.* Leske + Budrich, Opladen, 2001

[Bundesregierung 2005] BUNDESREGIERUNG: Sechster Bericht über die Lage der Ausländerinnen und Ausländer in Deutschland / Deutscher Bundestag. Berlin, 2005 (Drucksache 15/5826). – Forschungsbericht. – Unterrichtung der Beauftragten der Bundesregierung für Migration, Flüchtlinge und Integration

[Bundesregierung 2006] BUNDESREGIERUNG: *Berufliche Integration: Potenziale nutzen.* Version: Juni 2006. http://www.bundesregierung.de/Content/DE/EMagazines/economy/035/thema-3-berufliche-integration-potenziale-nutzen.html, Abruf: 30.07.2007. Presse und Informationsamt der Bundesregierung. – e.conomy. das wirtschafts-magazin Nr. 035

[Clement 2003] CLEMENT, Ute: Zukünftige Herausforderungen und Entwicklungen in der Berufspädagogik. In: ARNOLD, Rolf (Hrsg.): *Berufs- und Erwachsenenpädagogik* Bd. 4. Baltmannsweiler : Schneider Verlag Hohengehren, 2003, S. 193–209

[Damelang u. Haas 2006] DAMELANG, Andreas ; HAAS, Anette: *Berufseinstieg. Schwieriger Start für junge Türken.* Version: November 2006. http://doku.iab.de/kurzber/2006/kb1906.pdf, Abruf: 24.07.2007. Bundesagentur für Arbeit. Aktuelle Analysen aus dem Institut für Arbeitsmarkt- und Berufsforschung der Bundesagentur für Arbeit (IAB). – Ausgabe Nr. 19 vom 14.11.2006

[DESTATIS a] DESTATIS: *Allgemeinbildende Schulen, Absolventen/Abgänger nach Abschlussarten Abgangsjahr 2005.* http://www.destatis.de/jetspeed/portal/cms/Sites/destatis/Internet/DE/Content/Statistiken/BildungForschungKultur/Schulen/Tabellen/Content100/AllgemeinbildendeSchulenAbschlussart,templateId=renderPrint.psml, Abruf: 28.07.2007. Statistisches Bundesamt

[DESTATIS b] DESTATIS: *Allgemeinbildende Schulen. Ausländische Schüler/innen nach Schularten 2005/2006.* `http://www.destatis.de/jetspeed/portal/cms/Sites/destatis/Internet/DE/Content/Statistiken/BildungForschungKultur/Schulen/Tabellen/Content75/AllgemeinbildendeSchulenSchulartAuslaendischeSchueler,templateId=renderPrint.psml`, Abruf: 26.07.2007. Statistisches Bundesamt

[DESTATIS c] DESTATIS: *Ausländische Auszubildende in den 20 am stärksten besetzten Ausbildungsberufen 2006.* `http://www.destatis.de/jetspeed/portal/cms/Sites/destatis/Internet/DE/Content/Statistiken/BildungForschungKultur/BeruflicheBildung/Tabellen/Content50/AzubiRanglisteAuslaender.psml`, Abruf: 23.07.2007. Statistisches Bundesamt

[DESTATIS 2001] DESTATIS: *Leben und Arbeiten in Deutschland. Ergebnisse des Mikrozensus 2000.* Version: 2001. `http://www.destatis.de/presse/deutsch/pk/2001/leben_arbeiten.pdf`. – Statistisches Bundesamt. Letzter Abruf: 12.02.2007

[DESTATIS 2004] DESTATIS: *Leben und Arbeiten in Deutschland. Ergebnisse des Mikrozensus 2003.* Version: April 2004. `http://www.destatis.de/presse/deutsch/pk/2004/mikrozensus2003b.htm`. – Statistisches Bundesamt. Letzter Abruf: 12.02.2007

[DESTATIS 2005] DESTATIS: *Datenreport 2004. Zahlen und Fakten über die Bundesrepublik Deutschland.* Wiesbaden : Statistisches Bundesamt Deutschland, Juni 2005. – 2. aktualisierte Auflage

[DESTATIS 2006a] DESTATIS: BIBB Datenblatt Freie Berufe / Statistisches Bundesamt. Version: 2006. `http://bibb.skygate.de/Z/B/30/99500050.pdf`. Wiesbaden, 2006. – Forschungsbericht. – Datenblatt 995000 Deutschland. Letzter Abruf: 28.07.2007

[DESTATIS 2006b] DESTATIS: *Datenreport 2006. Zahlen und Fakten über die Bundesrepublik Deutschland.* Wiesbaden : Statistisches Bundesamt, 2006. – Schriftreihe Band 544

[DESTATIS 2006c] DESTATIS: *Leben in Deutschland. Haushalte, Familien und Gesundheit-Ergebnisse des Mikrozensus 2005.* Version: 2006. `http://www.destatis.de/jetspeed/portal/cms/Sites/destatis/Internet/DE/Presse/pk/2006/Mikrozensus/Pressebroschuere,property=file.pdf`, Abruf: 06.08.2007. Statistisches Bundesamt. Presseexemplar

[DESTATIS 2007a] DESTATIS: *Ergebnisse der Arbeitsmarktstatistik nach dem ILO-Konzept für das Jahr 2006.* Version: 2007. `http://www.destatis.de/jetspeed/portal/cms/Sites/destatis/Internet/DE/Content/Statistiken/Arbeitsmarkt/Aktuell,templateId=renderPrint.psml`, Abruf: 31.07.2007. Statistisches Bundesamt Deutschland

[DESTATIS 2007b] DESTATIS: *Nachhaltige Entwicklung in Deutschland. Indikatorenbericht 2006.* Wiesbaden : Statistisches Bundesamt, April 2007. – Nachhaltigkeitsstrategie für Deutschland

[DIHK 2006a] DIHK: *Chancen nutzen- Hemmnisse beseitigen. Beschäftigung Geringqualifizierter in Deutschland.* Version: Dezember 2006. `http://www.dihk.de/inhalt/download/umfrage_geringqualifizierte.pdf`, Abruf: 25.07.2007. Deutscher Industrie- und Handelskammertag. – Ergebnisse einer DIHK-Unternehmensbefragung Herbst 2006

[DIHK 2006b] DIHK: *Existenzgründung in Zeiten von Hartz IV - DIHK-Gründerreport 2006.* Berlin : Deutscher Industrie- und Handelskammertag, Mai 2006. – Zahlen und Einschätzungen der IHK-Organisation zum Gründungsgeschehen in Deutschland

[Ditton 1995] DITTON, Hartmut: Ungleichheitsforschung. In: ROLFF, Hans-Günter (Hrsg.): *Zukunftsfelder von Schulforschung*. Weinheim : Deutscher Studien Verlag, 1995, S. 89–124

[Eberhard u. a. 2005] EBERHARD, Verena ; KREWERTH, Andreas ; ULRICH, Joachim G.: Man muss geradezu perfekt sein, um eine Ausbildungsstelle zu bekommen. Die Situation aus Sicht der Lehrstellenbewerber. In: *BWP plus, Beilage zur Zeitschrift für Berufsbildung in Wissenschaft und Praxis* Heft 3 (2005), März, S. 10–13

[Ehrenthal u. a. 2006] EHRENTHAL, Bettina ; EBERHARD, Verena ; ULRICH, Joachim G.: *Ausbildungsreife - auch unter den Fachleuten ein heisses Eisen*. Version: 2006. http://www.bibb.de/de/21840.htm, Abruf: 31.07.2007. Bundesinstitut für Berufsbildung BIBB

[Enggruber u. a. 2004] ENGGRUBER, Ruth ; EULER, Dieter ; GIDION, Gerd ; WILKE, Jürgen: *Pfade für Jugendliche in Ausbildung und Betrieb*. Version: 2004. http://www.pm.iao.fraunhofer.de/artikel/gig_pfadejugend04.pdf, Abruf: 30.07.2007. Wirtschaftsministerium Baden-Württemberg, Referat Berufliche Bildung

[Erdinger 2006] ERDINGER, Dominik: Selbstsicherheitstraining. In: *Berufsbildung. Zeitschrift für Praxis und Theorie in Betrieb und Schule* 60. Jg., Heft 97/98 (2006), März, S. 26–27

[Euler u. Severing 2006] EULER, Dieter ; SEVERING, Eckart: *Flexible Ausbildungswege in der Berufsbildung*. Version: September 2006. http://www.bmbf.de/pub/Studie_Flexible_Ausbildungswege_in_der_Berufsbildung.pdf, Abruf: 29.07.2007. – Typoskript

[Fromm oJ] FROMM, Erich: Interview. In: *Erich Fromm Gesellschaft e.V.* (o.J.), 1. http://www.erich-fromm.de/d/index.htm?/d/play.php?shownews=81. – Erstveröffentlichung in DER STERN, Hamburg, Nr. 14 (27.03.1980), S. 306-309. Copyright The Library Estate of Erich Fromm, Tübingen. Letzter Abruf: 31.07.2007

[Funk 2005] FUNK, Rainer: Die Produktion von Wirklichkeit. Die postmoderne Persönlichkeit als Anbieter und Nutzer. In: SCHMITZ-BUHL (Hrsg.): *Coaching und Supervision: Kompetenzen nutzen-Synergien fördern*. Heidelberg : R.v.Decker-Verlag, 2005, S. 60–69

[Geißler 1992] GEISSLER, Rainer: *Die Sozialstruktur Deutschlands. Ein Studienbuch zur Entwicklung im geteilten und vereinten Deutschland*. Opladen : Westdeutscher Verlag GmbH, 1992

[GEW 2006] GEW: *Migranten sind Bereicherung des gesellschaftlichen Lebens*. Version: Mai 2006. http://www.gew.de/GEW_Migranten_sind_Bereicherung_des_gesellschaftlichen_Lebens.html, Abruf: 25.07.2007. Gewerkschaft Erziehung und Wissenschaft

[Giarini u. Liedtke 1998] GIARINI, Orio ; LIEDTKE, Patrick: *Wie wir arbeiten werden. Der neue Bericht an den Club of Rome*. Bd. 3. Hamburg : Hoffmann und Campe, 1998

[Gieß-Stüber u. Grimminger 2006] GIESS-STÜBER, Petra ; GRIMMINGER, Elke: Interkulturelles Lernen durch Bewegung bei Spiel und Sport. In: *Berufsbildung. Zeitschrift für Praxis und Theorie in Betrieb und Schule* 60. Jg., Heft 97/98 (2006), März, S. 18–19

[Goffman 1975] GOFFMAN, Erving: *Stigma. Über Techniken der Bewältigung beschädigter Identität*. Erste Auflage. Frankfurt/Main : Suhrkamp Taschenbuch Verlag, 1975

[Granato 2001] GRANATO, Mona: *Qualifizierungspotentiale in Deutschland nutzen: Jugendliche mit Migrationshintergrund und berufliche Ausbildung*. Version: Mai 2001. http://www.bibb.de/dokumente/pdf/chancengl_granato.pdf, Abruf: 27.07.2007. Bundesinstitut für Berufsbildung BiBB. – Vortrag anläßlich des 7. Medienforums des Südwestfunks (SWR) in Stuttgart „Migranten bei uns" vom 07.-09.05.2001

[Granato 2003] GRANATO, Mona: *Jugendliche mit Migrationshintergrund in der beruflichen Bildung*. Version: August 2003. `http://www.boeckler.de/pdf/wsimit_2003_08_granato.pdf`, Abruf: 31.07.2007. WSI- Mitteilungen Nr. 56 (2003), Heft 08, S. 474-483

[Granato 2005] GRANATO, Mona: *Junge Frauen und Männer mit Migrationshintergrund: Ausbildung adé?* Version: November 2005. `http://www.bibb.de/dokumente/pdf/a24_veranstaltung_migranten-kompetenzen-staerken_inbas-mig-2005.pdf`, Abruf: 22.07.2007. Bundesinstitut für Berufsbildung BIBB. – In: INBAS (Hrsg.): Werkstattbericht 2005, Frankfurt, Berlin

[Granovetter 1983] GRANOVETTER, Mark: The Strength of Weak Ties: A Network Theory Revisited. In: *Sociological Theory* 1 (1983), S. 201-233. `http://www-personal.si.umich.edu/~rfrost/courses/SI110/readings/In_Out_and_Beyond/Granovetter.pdf`. – State University of New York, Stony Brook. Letzter Abruf: 26.07.2007

[Gumpel 2006] GUMPEL, Werner: *Türkei und EU. Wirtschaftliche und soziale Überforderung der EU durch einen Türkeibeitritt?* Version: Juli 2006. `http://www.bpb.de/themen/5QFQGF.html`, Abruf: 30.07.2007. Bundeszentrale für politische Bildung bpb

[Han 2000] HAN, Petrus: *Soziologie der Migration: Erklärungsmodelle, Fakten, Politische Konsequenzen, Perspektiven*. Stuttgart : Lucius und Lucius, 2000

[Hansch 2006] HANSCH, Esther: *Existenzgründungen im Spiegel des Mikrozensus*. Version: Mai 2006. `http://www.destatis.de/jetspeed/portal/cms/Sites/destatis/Internet/DE/Content/Publikationen/Querschnittsveroeffentlichungen/WirtschaftStatistik/Mikrozensus/Existenzgruendungen,property=file.pdf`, Abruf: 29.07.2007. Statistisches Bundesamt. – Wirtschaft und Statistik 5/2006

[Hübner-Funk 1980] HÜBNER-FUNK, Sibylle: Bildungsreform zwischen Illusion und Erosion. In: GROHS, Gerhard (Hrsg.): *Kulturelle Identität im Wandel. Beitrag zum Verhältnis von Bildung, Entwicklung und Religion*. 1. Auflage. Stuttgart : Verlag Klett-Cotta, 1980

[Heinz 1995] HEINZ, Walter R.: *Arbeit, Beruf und Lebenslauf. Eine Einführung in die berufliche Sozialisation*. Juventa Verlag, Weinheim und München, 1995

[Herbert 1986] HERBERT, Ulrich: *Geschichte der Ausländerbeschäftigung in Deutschland 1880 bis 1980. Saisonarbeiter, Zwangsarbeiter, Gastarbeiter*. Berlin, Bonn : J.H.W. Dietz Nachf. GmbH, 1986

[Heyder u. Kaczmarek 2007] HEYDER, Aribert ; KACZMAREK, Anna: *Auswirkungen von Bildung auf gesellschaftliches Miteinander*. Bonn : Aus Politik und Zeitgeschichte. Beilage zur Wochenzeitung Das Parlament, Juli 2007. – Heft Nr. 28/2007 vom 9. Juli 2007. Bundeszentrale für politische Bildung bpb

[Hieronymus u. Hutter 2006] HIERONYMUS, Andreas ; HUTTER, Jörg: Interkulturelle Kompetenz in der Berufsbildung. In: *Berufsbildung. Zeitschrift für Praxis und Theorie in Betrieb und Schule* 60. Jhrg., Heft 97/98 (2006), März, S. 8–10

[IHK 2006] IHK: *Wirtschaft im Revier*. Version: September 2006. `http://www.bochum.ihk.de/linebreak4/mod/netmedia_document/data/IHK_09_06.pdf`, Abruf: 12.02.2007. Industrie- und Handelskammer. – Nachrichten der IHK im mittleren Ruhrgebiet zu Bochum, 62. Jhrg.

[IHK 2007] IHK: *Wir brauchen mehr Unternehmergeist! IHK-Jahresthema „Chance Unternehmengründen,wachsen,sichern"*. Version: 2007. `http://212.23.128.174/website/tpl/article_view.php?folder_where_from=default&folder_default_netfolderID=10022&error__=`

1&article_default_netfolderID=10022&article_default_id=33237&id=10022&dir=10009, Abruf: 25.07.2007. Industrie- und Handelskammer im mittleren Ruhrgebiet zu Bochum. – WIR 3/2007 Spezial „Chance Unternehmen"

[Imdorf 2006] IMDORF, Christian: *Lehrlingsselektion in Schweizer KMU.* Version: September 2006. http://www.dji.de/abt_fsp1/AEPF_2006_gesamt_Symposium_Hupka_Gaupp_benachteiligte_Jugendliche.pdf, Abruf: 26.07.2007. Symposium 12: Leere oder Lehre? Was machen benachteiligte Jugendliche nach der obligatorischen Schule? 68. AEPF-Tagung „Übergänge im Bildungswesen"

[Jacobs 2003] JACOBS, Stefan: *Stellenpool Verwandtschaft.* Version: September 2003. http://www.tagesspiegel.de/berlin/;art270,1931532, Abruf: 29.07.2007. Der Tagesspiegel Berlin. – Ausgabe vom 03.09.2003

[Kalter 2006] KALTER, Frank: Auf der Suche nach einer Erklärung für die spezifischen Arbeitsmarktnachteile von Jugendlichen türkischer Herkunft. In: *Zeitschrift für Soziologie ZfS* Jg. 35, Heft 2 (2006), April, S. 144–160

[Kanschat 2005] KANSCHAT, Katharina: Bundesweites Netzwerk für Ausbildung. In: BUNDESREGIERUNG (Hrsg.): *Berufsausbildung-eine Zukunftschance für Zugewanderte.* Berlin, 2005, S. 27–33. – KAUSA Köln

[Kücük 2004] KÜCÜK, Turan: Migranten als Unternehmer und Ausbilder. In: *ZfT-Praxis* 10 (2004), S. 1-4. http://www.zft-ausbildung.de/ZfT-Praxis_Oktober04.pdf. – Stiftung Zentrum für Türkeistudien, Essen. Letzter Abruf: 12.02.2007

[KMK 2006] KMK ; KULTUSMINISTERKONFERENZ (Hrsg.): *Vorausberechnung der Schüler- und Absolventenzahlen 2005 bis 2020.* Version: November 2006. http://www.kmk.org/statist/schulprognosetext.pdf, Abruf: 31.07.2007. Statistische Veröffentlichungen der Kultusministerkonferenz Nr. 182, Mai 2007. – Beschluß der Kultusministerkonferenz vom 16.11.2006

[Königseder u. Schulze oJ] KÖNIGSEDER, Angelika ; SCHULZE, Birgit: *Türkische Minderheit in Deutschland. Wertesystem im Wandel.* Version: o.J. http://www.bpb.de/publikationen/NKL5S8,0,T%FCrkische_Minderheit_in_Deutschland.html, Abruf: 30.07.2007. Bundeszentrale für politische Bildung bpb. – Informationen zur politischen Bildung, Heft 271

[Krappmann 1982] KRAPPMANN, Lothar: *Soziologische Dimensionen der Identität: strukturelle Bedingungen für die Teilnahme an Interaktionsprozessen.* 6. Auflage. Stuttgart : Ernst Klett Verlag, 1982

[Kristen 2003] KRISTEN, Cornelia: *Ethnische Unterschiede im deutschen Schulsystem.* Version: 2003. http://www.bpb.de/publikationen/2DVVHT,0,0,Ethnische_Unterschiede_im_deutschen_Schulsystem.html, Abruf: 02.08.2007. Bundeszentrale für politische Bildung bpb. – Aus Politik und Zeitgeschichte (B 21-22/2003)

[Landesamt 2007] LANDESAMT, Statistisches: *Ausländeranteil an der Bevölkerung. Deutschland und Bundesländer 2005.* Version: 2007. http://www.statistik-bw.de/Indikatoren/01_002.asp?BevoelkGebiet, Abruf: 22.07.2007. Statistisches Landesamt Baden-Württemberg

[Landeselternbeirat 2001] LANDESELTERNBEIRAT: PISA 2000. OECD PISA. Zusammenfassung zentraler Befunde. In: *Schule im Blickpunkt. Elterninformation vom Landeselternbeirat Baden-Württemberg* Heft 4-5 (2001/2002), S. 6–20. – Villingen, Neckar-Verlag

[Leicht 2005a] LEICHT, René: Die Bedeutung der ethnischen Ökonomie in Deutschland. Push- und Pull-Faktoren für Unternehmensgründungen ausländischer und ausländischstämmiger Mitbürger / IFM Institut für Mittelstandsforschung Universität Mannheim. Studie im Auftrag des Bundesministeriums für Wirtschaft und Arbeit. Version: 2005. `http://www.ifm.uni-mannheim.de/unter/fsb/pdf/Ethnische_Oekonomie_Kurzfassung.pdf`. Mannheim, 2005. – Forschungsbericht. – Letzter Abruf: 31.07.2007

[Leicht 2005b] LEICHT, René: *Charakteristika, Ressourcen und Probleme selbständiger Migranten.* Version: April 2005. `http://www.ifm.uni-mannheim.de/unter/fsb/pdf/Thesenpapier_PROFI_Tagung_Leicht.pdf`, Abruf: 22.07.2007. IFM Institut für Mittelstandsforschung. – Thesenpapier Fachtagung Small Business und Lokale Ökonomie , Mannheim, 21.04.2005

[Leicht u. a. 2001] LEICHT, René ; LEISS, Markus ; PHILIPP, Ralf ; STROHMEYER, Robert: Ausländische Selbständige in Baden-Württemberg / Institut für Mittelstandsforschung Universität Mannheim. Mannheim, 2001 (Grüne Reihe Nr. 43). – Forschungsbericht

[Lipsmeier 1978] LIPSMEIER, Antonius ; ABELS, Heinz (Hrsg.) ; DICHANZ, Horst (Hrsg.) ; GEORG, Walter (Hrsg.) ; SCHMITZ, Hans D. (Hrsg.) ; PETERS, Otto (Hrsg.): *Didaktik der Berufsausbildung. Analyse und Kritik didaktischer Strukturen der schulischen und betrieblichen Berufsausbildung.* München : Juventa Verlag, 1978. – (Studientexte Fernuniversität)

[Lipsmeier 2001] LIPSMEIER, Antonius: Vom verblassenden Wert des Berufes für das berufliche Lernen. In: LANGE, Ute (Hrsg.) ; HARNEY, Klaus (Hrsg.) ; RAHN, Sylvia (Hrsg.) ; STACHOWSKI, Heidrun (Hrsg.): *Studienbuch Theorien der beruflichen Bildung.* Bad Heilbrunn : Klinkhardt, 2001, S. 189–198. – 1998 veröffentlichter Artikel in: Zeitschrift für Berufs-und Wirtschaftspädagogik 94, Steiner Verlag Stuttgart, S. 481-495.

[lpb 2006] LPB: *Migration und Integration in Baden-Württemberg. Zahlen und Fakten.* Version: 2006. `http://www.lpb-bw.de/kulturellevielfalt/links/zahlen.php3`, Abruf: 29.07.2007. Landeszentrale für politische Bildung Baden-Württemberg (lpb). – Infos des Statistischen Landesamtes Baden-Württemberg

[Mayer 2000] MAYER, Karl U.: Arbeit und Wissen: Die Zukunft von Bildung und Beruf. In: KOCKA, Jürgen (Hrsg.) ; OFFE, Claus (Hrsg.): *Geschichte und Zukunft der Arbeit.* Frankfurt/New York : Campus Verlag, 2000, S. 383–409

[Merkens 1996] MERKENS, Hans: *Jugend in einer pädagogischen Perspektive. Ergebnisse empirischer Studien.* Jugendforschung aktuell; Band 2. Baltmannsweiler : Schneider Verlag Hohengehren, 1996

[Merkens 1997] MERKENS, Hans: Familiale Erziehung und Sozialisation türkischer Kinder in Deutschland. In: MERKENS, Schmidt (Hrsg.): *Sozialisation und Erziehung in ausländischen Familien in Deutschland* Bd. 3. Jugendforschung aktuell. Baltmannsweiler : Schneider Verlag Hohengehren, 1997, S. 9 – 100

[Müller-Kohlenberg u. a. 2005] MÜLLER-KOHLENBERG, Lothar ; SCHOBER, Karen ; HILKE, Reinhard: Ausbildungsreife - Numerus clausus für Azubis? In: *BWP Plus, Beilage zur Zeitschrift für Berufsbildung in Wissenschaft und Praxis* Heft 03 (2005), März, S. 19–23

[Nauck 2007] NAUCK, Bernhard: *Integration und Familie.* Bonn : Aus Politik und Zeitgeschichte. Beilage zur Wochenzeitung Das Parlament, Mai 2007. – Heft 22-23/2007. Hrsg. Bundeszentrale für politische Bildung bpb

[Nave-Herz 2004] NAVE-HERZ, Rosemarie: *Ehe- und Familiensoziologie.* Weinheim/ München : Juventa-Verlag, 2004

[Praschma u.a. 2003] PRASCHMA ; THALHEIMER ; DIRSCHERL ; MORITZ ; HEMINGWAY ; BECKERS: *Wanderungsbewegungen. Migration, Flüchtlinge und Integration* / Bundesamt für die Anerkennung ausländischer Flüchtlinge. Version: 2003. http://www.bamf.de/cln_042/nn_566332/SharedDocs/Anlagen/DE/Asyl/Publikationen/asyl-reihe-band-10,templateId=raw,property=publicationFile.pdf/asyl-reihe-band-10.pdf. Nürnberg, 2003 (Schriftenreihe Band 10). – Forschungsbericht. – Letzter Abruf: 25.07.2007

[Raab u. Rademacker 1996] RAAB, Erich ; RADEMACKER, Hermann: Verlängerte Suche und Berufswahl mit Vorbehalt. In: SCHOBER, Karen (Hrsg.) ; GOWAREK, Maria (Hrsg.): *Berufswahl: Sozialisations- und Selektionsprozesse an der ersten Schwelle*. Bundesagentur für Arbeit, 1996, S. 127–136

[Reißig u. Gaupp 2007] REISSIG, Birgit ; GAUPP, Nora: *Schwierige Übergänge von der Schule in den Beruf*. Bonn : Aus Politik und Zeitgeschichte. Beilage zur Wochenzeitung Das Parlament, Juli 2007. – Heft Nr. 28/2007 vom 9. Juli 2007. Bundeszentrale für politische Bildung bpb

[Reinders 2003] REINDERS, Heinz: *Jugendtypen. Ansätze zu einer differentiellen Theorie der Adoleszenz*. Opladen : Leske+Budrich, 2003

[Sauer u. Goldberg 2006] SAUER, Martina ; GOLDBERG, Andreas: *Türkeistämmige Migranten in Nordrhein-Westfalen*. Version: April 2006. http://www.familienministerium.nrw.de/presse/pressemitteilungen/pm2006/pm061019a/Befragung.pdf, Abruf: 26.07.2007. Stiftung Zentrum für Türkeistudien ZfT. – Zusammenfassung der siebten Mehrthemenbefragung

[Schanz 2006] SCHANZ, Heinrich: *Institutionen der Berufsbildung. Vielfalt in Gestaltungsformen und Entwicklung*. 1. Auflage. Baltmannsweiler : Schneider Verlag Hohengehren, 2006. – Band 2 Studientexte Basiscurriculum Berufs-und Wirtschaftspädagogik

[Schelsky 1963] SCHELSKY, Helmut: *Die skeptische Generation. Eine Soziologie der deutschen Jugend*. Düsseldorf und Köln : Eugen Diederichs Verlag, 1963. – Serie: Das moderne Sachbuch Band 8. Einmalige Sonderausgabe

[Schäfers 1976] SCHÄFERS, Bernhard: *Sozialstruktur und Wandel der Bundesrepublik Deutschland*. Originalausgabe. Stuttgart : Ferdinand Ehnke Verlag, 1976. – dtv Wissenschaftliche Reihe

[Schäfers 2003] SCHÄFERS, Bernhard ; SCHÄFERS, Bernhard (Hrsg.): *Grundbegriffe der Soziologie*. 8. überarbeitete Auflage. Opladen : Verlag Leske+Budrich, 2003

[Schimpl-Neimanns 2000] SCHIMPL-NEIMANNS, Bernhard: Soziale Herkunft und Bildungsbeteiligung. Empirische Analysen zur herkunftsspezifischen Bildungsbeteiligung zwischen 1950 und 1989. In: *Kölner Zeitschrift für Soziologie und Sozialpsychologie*. 52. Jahrgang. 2000

[Schmid u. Knobel 2004] SCHMID, Alfons ; KNOBEL, Claudia: *Beschäftigung Nicht-Deutscher in den Städten Frankfurt und Offenbach am Main, Main-Taunus-Kreis und Kreis Offenbach*. Version: August 2004. http://www.mare-equal.de/dokumente/unternehmensbefragung2004.pdf, Abruf: 03.08.2007. M.A.R.E. – Unternehmensbefragung Frühjahr 2004

[Schröer u. Sting 2003] SCHRÖER, Wolfgang ; STING, Stephan: Gespaltene Migration. In: SCHRÖER, Sting (Hrsg.): *Gespaltene Migration*. Opladen : Leske+Budrich, 2003, S. 9–25

[Schroeder 2007] SCHROEDER, Christoph: *Integration und Sprache*. Bonn : Aus Politik und Zeitgeschichte. Beilage zur Wochenzeitung Das Parlament, Mai 2007. – Heft 22-23/2007. Hrsg. Bundeszentrale für politische Bildung bpb

[Schroedter 2006] SCHROEDTER, Julia H.: *Binationale Ehen in Deutschland.* Version: April 2006. http://www.destatis.de/jetspeed/portal/cms/Sites/destatis/Internet/DE/Content/ Publikationen/Querschnittsveroeffentlichungen/WirtschaftStatistik/Gastbeitraege/ Binationale__Ehen0406,property=file.pdf, Abruf: 30.07.2007. Statistisches Bundesamt. – Wirtschaft und Statistik 4/2006. Gerhard-Fürst-Preis

[Seifert 2007] SEIFERT, Wolfgang: *Integration und Arbeit.* Bonn : Aus Politik und Zeitgeschichte. Beilage zur Wochenzeitung Das Parlament, Mai 2007. – Heft 22-23/2007. Hrsg. Bundeszentrale für politische Bildung bpb

[Sen 2002] SEN, Faruk: Türkische Minderheit in Deutschland. In: *Bundeszentrale für politische Bildung bpb* Informationen zur politischen Bildung, 4. Quartal, Heft 277 (2002), S. 53-61. http://www.bpb.de/publikationen/7LG87X.html. – Letzter Abruf: 30.07.2007

[Sen 2003] SEN, Faruk: *Integration und Identität. Türkischstämmige Jugendliche - Leben in oder zwischen zwei Kulturen.* Version: November 2003. http://www.bezreg-arnsberg.nrw.de/ bildungundarbeit/schulen/uebergreifend/kids/rede_sen.html, Abruf: 21.07.2007. – Vortrag anläßlich der Fachtagung der Bezirksregierung Arnsberg zum Thema Integration und Identität

[Sen u. Goldberg 1994] SEN, Faruk ; GOLDBERG, Andreas: *Türken in Deutschland. Leben zwischen zwei Kulturen.* Beck'sche Reihe 1075. München : Verlag C.H.Beck, 1994. – Originalausgabe

[Sennett 2002] SENNETT, Richard: *Der flexible Mensch. Die Kultur des neuen Kapitalismus.* Berlin : RM Buch und Medien Vertrieb GmbH, 2002. – Die Originalausgabe erschien 1998 unter dem Titel The Corrosion of Character bei W.W. Norton, New York

[Settelmeyer u. a. 2006] SETTELMEYER, Anke ; HÖRSCH, Karola ; DORAU, Ralf: Interkulturelle Kompetenzen von Fachkräften mit Migrationshintergrund. In: *Berufsbildung. Zeitschrift für Praxis und Theorie in Betrieb und Schule* 60. Jg., Heft 97/98 (2006), März, S. 14–17

[Shell 2006] SHELL, Deutsche: 15. Shell Jugendstudie / Deutsche Shell AG. Version: 2006. http://www.shell-jugendstudie.de/presseinfo_lang.htm. 2006. – Forschungsbericht. – Presseinformation. Letzter Abruf: 22.07.2007

[Tillmann 1995] TILLMANN, Klaus-Jürgen: Schulische Sozialisation. In: ROLFF, Hans-Günter (Hrsg.): *Zukunftsfelder von Schulforschung.* Weinheim : Deutscher Studien Verlag, 1995, S. 181–211

[Tillmann 2003] TILLMANN, Klaus-Jürgen: *Sozialisationstheorien.* 12. Auflage. Reinbek bei Hamburg : Rowohlt Taschenbuch Verlag GmbH, 2003

[Torlak u. a. 2005] TORLAK, Elvisa ; VITT, Veronika ; CURRLE, Edda ; PRÜMM, Kathrin ; KREIENBRINK, Axel ; WORBS, Susanne ; SCHIMANY, Peter: Der Einfluss von Zuwanderung auf die deutsche Gesellschaft / Bundesamt für Migration und Flüchtlinge BAMF. Nürnberg, 2005. – Forschungsbericht. – Deutscher Beitrag zur Pilotforschungsstudie (The Impact of Immigration on Europe's Societies) im Rahmen des Europäischen Migrationsnetzwerks (EMN)

[Trautwein u. a. 2007] TRAUTWEIN, Ulrich ; BAUMERT, Jürgen ; MAAZ, Kai: *Hauptschulen=Problemschulen?* Bonn : Aus Politik und Zeitgeschichte. Beilage zur Wochenzeitung Das Parlament, Juli 2007. – Bundeszentrale für politische Bildung bpb. Heft 28/2007 vom 09.07.2007

[Uhly u. Granato 2005] UHLY, Alexandra ; GRANATO, Mona: *Ausbildungsquote junger Menschen ausländischer Nationalität im dualen System.* Version: November 2005. http: //www.bibb.de/dokumente/pdf/a24_veranstaltung_migranten-kompetenzen-staerken_ ausbildungsquote-2005.pdf, Abruf: 22.07.2007. Bundesministerium für Berufsbildung

[Ulrich u. a. 2006] ULRICH, Joachim G. ; FLEMMING, Simone ; KREKEL, Elisabeth M.: *Zwiespältige Vermittlungsbilanz der Bundesagentur für Arbeit.* Version: 2006. http://www.bibb.de/de/ 27399.htm, Abruf: 12.02.2007. Bundesinstitut für Berufsbildung BiBB

[Walden 2004] WALDEN, Günter: Ausbildungsplatzentwicklung und ökonomische Attraktivität der betrieblichen Berufsausbildung. In: BUSIAN, Anne (Hrsg.) u. a.: *Mensch-Bildung-Beruf. Herausforderungen an die Berufspädagogik.* Projekt-Verlag, Bochum/ Freiburg im Breisgau, 2004, S. 138–147

[Wehnert 2006] WEHNERT, Bernd: Eigenverantwortliches Lernen technischer Fachsprachen. Web Based Training zur Integration von Migrantinnen und Migranten ins Handwerk. In: *Berufsbildung. Zeitschrift für Praxis und Theorie in Betrieb und Schule* 60. Jg. Heft 97/98 (2006), März, S. 23–25

[Weißhuhn u. Rövekamp 2004] WEISSHUHN, Gernot ; RÖVEKAMP, Jörn G.: Bildung und Lebenslagen - Auswertungen und Analysen für den zweiten Armuts- und Reichtumsbericht der Bundesregierung / BMBF Bundesministerium für Bildung und Forschung. Berlin, Oktober 2004 (9). – Forschungsbericht

[West-Leuer 2005] WEST-LEUER, Beate: Die menschliche Seite der Arbeit im Wandel: Ein Fall für die Psychodynamische Beratung. In: SCHMITZ-BUHL, Mario (Hrsg.): *Coaching und Supervision: Kompetenzen nutzen-Synergien fördern.* Heidelberg : R.V.Decker Verlag, 2005. – Beiträge zur Wirtschaftspsychologie

[ZDH 2005] ZDH: Ausländische Auszubildende. Auswertung 2005 / Zentralverband des Deutschen Handwerks e.V. Version: 2005. http://www.zdh.de/daten-und-fakten/ausbildung-bildung/ auslaendische-auszubildende/auslaendische-auszubildende-auswertung-2005.html. Berlin, 2005. – Forschungsbericht. – Letzter Abruf: 28.07.2007

[ZDH 2006] ZDH: Entwicklung des Lehrlingsbestandes insgesamt, der neu abgeschlossenen Ausbildungsverträge und des Bestandes ausländischer Auszubildender im Zeitraum 1990 bis 2005 bundesweit / Zentralverband des Deutschen Handwerks e.V. Version: 2006. http://www.zdh.de/fileadmin/user_upload/themen/Bildung/Berufsbildungsstatistik/ Auslaender/2005/LA83-05graf.pdf. Berlin, 2006. – Forschungsbericht. – Letzter Abruf: 28.07.2007

[ZfT 2006] ZfT: Die türkischen Unternehmer in Deutschland und der EU 2005 / Zentrum für Türkeistudien. Version: Januar 2006. http://www.existenzgruender.de/publikationen/studien/ 01634/index.php. Essen, Januar 2006. – Forschungsbericht. – Existenzgründungsportal des BMWi. Letzter Abruf: 25.07.2007